[美] O'Reilly公司 编

樊晓晓 金 伟 胡文悦 译

科学普及出版社
·北京·

图书在版编目（CIP）数据

爱上手工2：诱人的毛线水果 / ［美］O'Reilly公
司编；樊晓晓，金伟，胡文悦译.—北京：科学普及出
版社，2012.7
ISBN 978-7-110-07792-4

Ⅰ. ①爱… Ⅱ. ①美… ②樊… ③金… ④胡… Ⅲ.
①手工艺品—制作 Ⅳ. ①TS973.5

中国版本图书馆CIP数据核字（2012）第146600号

版权声明

图书策划	北京制趣文化传播有限公司
责任编辑	杨　艳
责任校对	刘洪岩
责任印制	张建农

出版发行	科学普及出版社
地　　址	北京市海淀区中关村南大街16号
邮　　编	100081
发行电话	010-62173865
传　　真	010-62179148
投稿电话	010-62176522
网　　址	http://www.cspbook.com.cn

开　　本	787mm×1092mm　1/16
字　　数	264千字
印　　张	9.75
版　　次	2012年8月第1版
印　　次	2012年8月第1次印刷
印　　刷	北京画中画印刷有限公司

书　　号	ISBN 978-7-110-07792-4/TS・118
定　　价	38.00元

译者序

樊晓晓　金伟　胡文悦

《爱上手工2》是一本生动有趣、寓教于乐的手工制作教程图书。内容上，它收录了来自各地的许多手工制作专家和民间手工爱好者的众多作品及其详尽的制作过程。从精致好看的装饰品，到实用舒适的家居用品，应有尽有。书中丰富多彩的图片、鲜艳精美的照片在提供手工制作详细指导的同时，也带给读者极大的视觉享受。该教程语言生动俏皮、浅显易懂，每个手工制作项目的用途、用料、操作步骤等条理清晰，一目了然，便于掌握。译者在翻译过程中，能身临其境感受到其字里行间的亲和感。阅读此书，就仿佛置身于一间零散堆放着材料和工具的工作室，随和亲切的老师们手把手教你手工制作。让你爱上手工制作，爱上生活。

在美国，DIY（Do It Yourself）是手工制作的核心理念，更是一种态度、一种生活方式。当人们看腻了市场上工业产品的千篇一律，市场产品无法满足自己的特殊需要，"Do It Yourself"（自己动手制作）的念头就可能油然而生。做你需要的，做你想要的，做市场上绝无仅有、独一无二的你自己的作品，这成为除了节约开支以外的DIY的更高层次的追求。而在亲自动手操作的过程中它给予人的满足则更为重要。工业化生产的确已经日臻完美，越来越多的人已不可能也没必要去掌握旧日能工巧匠的手艺了。无须自己动手做，却总仿佛缺了些什么，就像缺少了运动，人就是这么怪，需要贴近自然，需要运动劳作，需要在其过程中享受生活的乐趣。这是DIY又一高层次的追求。没错，这是一种过程导向的差事。就像书中所说，"现代手工最强大的方面是它颠覆了我们结果导向文化的特有前提。在手工制作上，你如何制作远比你制作什么更重要。更确切地说，重要的是你选择自己动手做。重要的并不是你的十字绣绣得有多完美，或者桌子上布置了和谐的深浅不一手工刺绣餐巾，并且在桌子正中间插了一束价值百元的花。"

除此之外，废料回收利用的理念在本书中也可见一斑。绿色环保的生活方式确实能传达一种积极健康的信息，给人带来身心的愉悦。

希望该书能得到读者的喜爱，并给读者带来有效指导和正面能量。译作如有不足或疏漏之处，还请指正。

推荐序

杜洋

杜洋是《爱上单片机》一书的作者，电子科普类杂志的作者。他创建的"杜洋工作室"为电子爱好者提供了卓尔不群的教学模式。他的兴趣爱好为电子制作、写作、摄影。

我的一位编辑朋友给我寄来一本《爱上手工》系列丛书第1册，吸引我的是封面上8个可爱的小布玩偶，一下子惊醒了我心中的那个小女孩儿。好萌、好有爱哦！它们都是手工做出来的吗？这一册有教我如何DIY的文章吗？于是开始翻阅，发现了更多可爱和有趣的DIY作品，这一刻发现我开始爱上手工了。我想做一个大一点的布娃娃，晚上抱着她睡觉。其实每个男生心里都有一个小女生，即使心里没有，身边也会有一个。如果我可以在分手之前送她一本《爱上手工》并和她一起制作，也许前女友就不会离我而去。在此奉劝热恋中的朋友不要重蹈我的覆辙，把《爱上手工》送给你的女友吧！

《爱上手工》排版风格和电子爱好者熟知的《爱上制作》如出一辙，都有精彩的文章和好看的图片。而《爱上手工》更侧重于布、纸、线、珠及日常用品的创意DIY。我猜玩电子电路和单片机的人会对手工制作不屑一顾，会认为电子技术能发挥他们的聪明才智，而手工制作只是女孩们玩的东西。因为玩电子DIY的大多是男生，所以才会有这样大男子主义的偏见。一旦思想形成偏见，就会看不到手工制作的价值，也不能发现手工制作与电子制作珠联璧合的价值。手工制作对电子爱好者来说有什么价值呢？从实际应用的角度看，手工制作可以帮助电子爱好者解决一个"老大难"问题——外壳制作。目前，不论是国内还是国外，电子制作的作品十有八九是"裸体"。它们要么没有外壳，所有元器件和电路板裸露在外；要么就是随手找来些简单能用来当外壳的东西应付了事，缺少必要的设计和修饰。而用纸板、木板、布艺制作和装饰的方法，正是《爱上手工》所要带给我们的新时尚。

让每一位电子爱好者都能制作出漂亮的外壳，只是《爱上手工》的基本贡献。而对DIY的理解和对审美的修养的提升，是这套书籍潜移默化带给我们的影响。多年以来，电子爱好者对作品美观的关注远远小于对技术的关注。使得主流DIY的作品都是好玩又实用的"丑八怪"。为什么我们的制作都不讲究美观呢？我想其中一个重要原因是我们的前辈也不关注美观，也没有媒体和高人提倡美观设计的重要性。《爱上手工》虽不会直言美观，却在用精美图片展示美丽手工作品，让你的审美水平默默得到滋养，不知不觉间你会发现有一种想制作"美"的冲动油然而生。到那时，你不只爱上了手工，还爱上了生活的美妙。这应该就是《爱上手工》的编辑们所努力的方向，也是创意DIY爱好者们向往的方向。

《爱上手工》不仅是给天性爱美的女孩子们看的，也是给急需培养审美能力的电子爱好者看的。《爱上手工》是美国O'REILLY公司的精品读物，现在它们被引进出版，真是国内爱好者的一大幸事。

我把自己制作的 LED 时钟植入到"小狗"的肚子上。如果"小狗"也可以自己制作就更完美了。

目录

手工：项目

目录

DIY超酷的玩意

DIY
超酷的玩意

封面故事

把毛织品塑造成毡制的蔬菜水果形状或者一切可以想象到的物品。

欢迎词
卡拉·辛克莱

>> 卡拉·辛克莱是英文版《爱上手工》丛书的主编。

仿制

从加工到产品，模仿在手工制作中是必需的。

2008年夏天，当圣费尔南多谷的气温高达119℉时，我灌了一杯又一杯冰冬菇茶。这种带着泡沫，味道酸酸的且有着一些甜味的发酵饮料是我发现的唯一一种能提神的饮品。尽管这种发酵茶对于商店来说相对新颖，但千百年以来人们一直在家自制冬菇茶，据说它排毒能力强，还有些其他有益功效。根据维基百科，谷歌的主席在公司的自助餐厅也准备了冬菇茶，每天都要提供上百杯呢。

要制作一杯冬菇茶需要红茶或绿茶、糖（使其发酵）、水以及一朵"红茶菇"。虽然"红茶菇"这个称呼不恰当，但很多包括我在内的冬菇茶狂热粉丝都是这么叫它（实际上它是细菌和酵母的共生物）。

作为一位曾经的冬菇茶酿造者，我总是对这种蘑菇充满好奇心。它的质地让我想起章鱼寿司，光滑、难嚼，且富有弹性。它那与众不同的外表是松软平滑、半透明的圆盘状像鱼一样的灰色。

但最让人着迷的特征是，在蘑菇的发酵过程中，它会克隆自己，所以在最后你能得到一对蘑菇，一朵在另一朵之上，两朵蘑菇都可以用来再泡一壶茶。当奥尔文·奥莱理写了关于如何制作冬菇茶的文章后（93页），我开始思考关于酿茶过程中克隆方面的事，以及关于复制在手工制作方面对于不同水平的人的影响。

最基础的复制是，许多手工艺人为了完成一件作品需要重复成百上千次一种特定的技巧。

钩编、刺绣、针织、纺织羊毛以及钉珠等工艺使手艺人变成了机器人，不停地重复同样的针织、锁链、锁缝针脚直至作品完成。谢天谢地，幸好缝纫和钉珠非常令人入迷。

再高一些水平的复制是创作作品。《爱上手工》的特点是：一个串珠手艺人做二十对一样的耳环，或者一个编织者做几十个一样的填充猫头鹰并不罕见。强制的创作和重复使得手工艺人变得商业化，至少在需要互赠礼品的佳节是如此。

最高水平的复制是，创作手工艺品的项目订单总是重复的，在网上、针织会或是公共场合等。当接到订单时，手工艺人需要一次性完成多件同样的作品。

除了以上提及的，还有很多因素使得手工制作和批量生产交错在一起。

• 仿制所见。如"模仿大牌计划"（46页）开玩笑？其实是真的！鼓励编织手工艺人用他们自己的针、纱和想象力来仿制设计师的手提包作品。而乔纳森·丹福斯（22页）用他改良过的相机来将他所看见的现实中的画面投射到镀银的金属上。

• 制作一个模板来复制一个设计。缝纫业陷入了这种模式（45页），还有橡皮图章（13页）以及麻胶版印刷（126页）。

我们有很多这种新奇的复制项目，希望能够激发大家想要模仿的兴趣。但是更重要的是，我们希望你们能找到一些类似"冬菇茶"的项目，它们能够带给你制作一些原创的灵感，让你制作出能够吸引别人来复制的作品。✖

现代手工
吉恩·瑞拉

＞＞吉恩·瑞拉是呼吁拥有新的家庭生活宣言的作者，出于对烹饪的痴迷，她最近在研究非主流的食物文化。

朋克的手工

像齐柏林飞船在艺术世界一样，我认为传统手工应该是熟练且有天赋的，但是安静的有些乏味。从另一方面来说，现代手工艺人却更像是雷蒙斯乐队，一支来自20世纪70年代的朋克乐队，他们把多年的摇滚音乐的历史简化为三个和弦。仅仅在两分钟之内，他们充满能量的歌曲对一个青少年灵魂的影响远远大于所有的经典摇滚。雷蒙斯乐队的音乐不仅充满乐趣（如专辑"Hey! Ho! Let's go!"），而且充满了奇怪的噪音，在歌曲中会出现突然的歌词重复和即兴演奏。这种音乐算不上精美，但重要的是，他们的音乐如此简单，充满吸引力，它仿佛在大声说："你能做到！"

"DIY"是现代手工的底线。如果说美国梦的标准是拥有一个双车车库，能存钱买陶瓷大仓的床、椅、餐桌，所有的家具都搭配成一个风格；那么现代手工就是与之相反的白日梦。他们会从旧货店（Salvation Army）那淘到一张旧床，然后自己用材料修复好，可以是用俗气的牛仔，也可以用复杂的米色。

这种自己动手做的方式使得手工制作对于嬉皮士们（暂且这么称呼他们）充满吸引力。在一个可以轻易得到便宜商品、企业文化和狂热拜金主义处于上升时期的年代，总有一些与主流相逆的人士们进行垃圾回收或者对之进行修补。在狂热的追星时代和一定要拥有价值上千元包包的注重物质的思想，也许动手制作成为特立独行的做法。

尽管总有人哀叹说现代手工又回到了19世纪50年代，但我们并不用把这些批评放在心上。在女性类杂志BUST介绍了手工制作指南、为白色条纹乐队做刺绣肖像画的珍妮·哈特之类的手工艺人后，现代手工被宗教权力机构或某些强烈反对者接受几乎是不可能了。

从长远来看，现代手工最强大的方面是它颠覆了我们结果导向文化的特有前提。在手工制作上，你如何制作远比你制作什么更重要，更确切地说，重要的是你选择自己动手做。

> 在狂热的追星时代和一定要拥有价值上千元包包的注重物质的思想，也许动手制作成为特立独行的做法。

或者换句话说，重要的并不是你的十字绣做得有多完美，或者桌子上布置了和谐的深浅不一手工刺绣的餐巾，还在桌子正中间插了一束价值百元的花。不用为把每一件东西从最初的草稿变成完美的作品而烦恼。

也许事实上，正如朋克前辈们一样，现代手工让你真实的触及到这个世界，让你在除了赚钱之外拥有另一项活动——震撼全场。✕

我丈夫已经警告告我，不要在他的滑板上钻洞，我自己有了两次这样的经历。

我爱极了这些慵懒的靴子。我已经重拾起我的纺纱活，找出了一些需要改造成靴子的高跟鞋和一大堆双尖织针。唯一令人沮丧的是这些织针，我要么需要向其他编织者借用，要么就得在完工之时就把它们送给其他的编织者。

—— 姐妹

我对于你们第一期英文版《爱上手工》有些失望。当我在封面上看到 Jess Hutchison 的机器人时很兴奋，以为在书中内页里有相关样品，但是书中并没有介绍。也许我对于传统的这类形式编织或针织书籍太习以为常，封面上的内容往往总会在内页中找到相关的图片，但这期确实令人失望。

—— 米兰达·普林斯

如果《爱上手工》英文版第一期的封面令人误解，我们感到很抱歉。我们选择那个封面是为了强调我们的特色，"怪异可爱"的玩偶们以及它们的制作者（杰西·哈杰勋）。我们同样也询问过哈杰勋是否愿意为我们提供那些玩偶机器人的样品以补充那篇文章，但是她本人希望向另一个不同的方向发展，与样品大相径庭。她对于自己不发表样品的决定非常坚持，作为手工艺人，我们尊重她的愿望，但我们决定保留封面，因为它的确与我们编织玩偶的特色相符。作为补充，我们在封面故事中介绍了另一位手工艺人贝丝·多尔蒂制作的一件玩偶机器人。

最后，再次为此引起的误解深表歉意。一般情况下，我们的封面在书中将会有一个相应的专栏，但是当我们想要特别介绍一个手工艺人的时候会有例外。

我已经当了几十年的手工艺人了，一直在寻找新的书籍。

当我在我们当地的边界线书店看到你们的创刊号时，拿起了它，并且向我丈夫证实了这其实是在美国当地制作的书籍。我第一眼看到这本书时，根据它的尺寸和内容以为这是一本英国书。我爱它！我迫不及待地通篇阅读了一遍，并且订阅了它——这样我就不会错过任何一本了。非常感谢你们终于制作了这么一本对手工者具有价值的书籍。

—— 佩妮·沃克尔

在《爱上手工》书籍出版之前，我一直在你们的网站上关注你们，我很开心你们现在终于出版了这本我一直参与着的书籍！这是本很棒的书籍，你们做得好！尽管如此，我仍有一些疑问。我住在华盛顿地区，并且有一些定时一起做手工的朋友们。不幸的是，似乎所有与手工有关的东西都在加利福尼亚。也许我们真的不是很时髦，但是我们认为，我们几乎已经跑遍所有可以找到更好的手工组织的地方。你们那里有类似手工馆或者手工俱乐部，但是我们这里完全没有！我们的手工组织发展水平仍然处于初级阶段。

总之，我们建议你们可以通过网站或者书来组织一些活动，以便手工制作者们进行交流。我们这里的手工制作现状是可悲的，以至于我们其中的一些朋友已经很认真得在考虑跨过半个国家搬到你们那里去！为你们的帮助以及这本可敬的书致谢！

—— 格温·麦

谢谢你们的来信！你们的建议很好，我们也在考虑这方面事宜。现在我们有一个在线活动日历（craftzine.com/events/），同时我们也将近期表格添加到我们的网页（forums.craftzine.com）中。

重新改造
温迪·特里梅因

>>温迪·特里梅因是一位项目策划、概念艺术家和瑜伽老师。她最新的一个项目是Swap-O-Rama-Rama，这是一个交换衣服的社团，也提供了可选择参加的手工制作活动。温迪住在新墨西哥。更多信息尽在gaiatreehouse.com和swaporamarama.org。

结实的纺织垃圾袋

解读优雅的时尚。

凯特·斯维特小时候就受到妈妈影响，她妈妈习惯重复利用每一样东西，在崇尚消费文化成为时尚之前就开始对此质疑，因而在成长过程中，她自己制作和接受家庭自制的节日礼物，并且重复利用每一样东西。她觉得自己没有很多钱而且有空闲时间是很幸运的事。这些看起来是缺点的事情却让她发现每个亟待解决的问题都是一个创造的机会。凯特是一个发明家，她设计了一些东西，寻找一种样式，然后把东西拼成一件更有意思的作品。当我发现她时，她在用回收的塑料垃圾袋做一个坚固的新纺织品。这个项目来自于她平时从事的媒体工作，结婚蛋糕，假发，吊灯，她总是对这些华丽的东西着迷。她对于细节、样式和华丽装饰的品位也体现在了她改造的垃圾袋上。

首先，作为最重要的一步，她收集着各种有趣样式和颜色的袋子，以便于拼制成特别的设计。新组成的设计令人联想到曾经用来装饰垃圾袋那些有名的标志和图标，而现在被改造成颜色单一、形状简洁的装饰品。

一旦被家用熨斗融化，这些曾经风靡一时的样式就变成了与商业毫无干系的元素。对于制作者来说，它们是创作新图案的颜料。凯特相信，只要有设计，制作并不成问题。她制作的纺织品最适用于制作坚固耐用的物品，比如钱包、手袋和鞋子等。

凯特·斯维特在家里努力地进行下一个作品的设计。

摄影：马切伊·马考斯基

如何操作 »

材料

» 塑料袋
» 冷冻纸
» 熨斗
» 剪刀

1. 从你收集的塑料袋中找出有趣的样式、颜色或者图案。

2. 沿着接缝线剪开，这样可以避免在制作时出现气泡和褶皱。

3. 根据你想要的大小，铺上一层冷冻纸。

4. 在冷冻纸上铺上2~3层塑料袋。把回收的塑料袋按照标示的颜色和样式摆放。

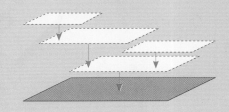

5. 调整塑料袋，使它的边缘有1～2英寸的交叠。这样就能做出一片大面积且结实的材料。

6. 在塑料袋上盖上另一层冷冻纸，蜡纸面朝下。

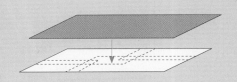

7. 用放在"棉布"上的熨斗使劲压平冷冻纸，使塑料袋相互融合。最好在附近有一扇打开的窗户的地方进行熨烫，因为一旦熨烫时间过长，塑料袋会融化，并且会散发出一种难闻的味道。

8. 一旦你完成了你的新织物，将它叠加在另一张上。只需将两片织物的边缘叠加在一起并用熨斗熨烫，就能得到你想要的任何尺寸。

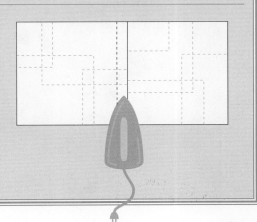

魔鬼或者人造

摄影：莉斯·麦格拉斯

你感觉到后颈有奇怪的东西，这种被盯着的感觉让人不安。你转过头，以为要看到什么可怕的脸，类似噩梦中的鬼怪。你可能会开始尖叫，当然除非这种生物是戴着蝴蝶结样的领结、护士帽和在有着长长睫毛的大眼睛上戴着红色强盗面具的生物。它被安装在一块墙饰木板上，上面用字母写着它的名字：拉沃尔普！

由洛杉矶艺术家莉斯·麦格拉斯创造的这一让人毛骨悚然的小动物来自于她的"人造动物标本"系列。从最初用动物标本剥制术（或者自制的爪牙），她的创作使用"魔术造型环氧胶泥"或者树脂覆盖标本，以环氧的方式创造出一个有血有肉的形象。她用软陶制作出更小一些的需要用手精心制作的细节。然后她用玻璃制作动物标本的眼睛，常用的会发光并且有阴郁色调的釉色来描绘标本皮肤的细节。

这件作品由胡须、蜘蛛睫毛和自制的服装以及墙饰木块拼装起来，通常由贝娅特丽克丝·波特和爱德华·戈里合作缝制而成，腐朽

的维多利亚式富裕与朋克、摇滚和马戏团杂耍肖像相结合。

她对这种制作出来的动物标本感兴趣，但是对于真正的动物标本却无好感。麦格拉斯现在的"动物标本"是完全手工制作出来的（没有真正的皮毛）。她解释道："我对于那些收集真正的动物标本的人并无异议。但是我个人不喜欢把动物杀了而仅仅是为了做成装饰品。"

她最初用从旧货店买的毛皮大衣和皮夹克，使用手织技术，利用焦油、油漆喷雾器和头发定型剂来伪造出皮毛的质感。使用这些奇怪物品的最大的优点就是毫无罪恶感。

麦格拉斯定期在洛杉矶的比利希雷精细艺术中心展示了她最新的作品，最近她出版了一本《一切爬行物》的书。

—— 克里斯滕·安德森

>> **莉斯·麦格拉斯**: elizabethmcgrath.com

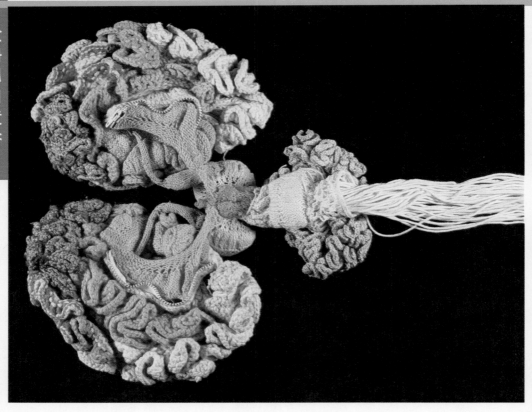

织布大脑

虽然精准织布**大脑艺术博物馆**并不是世界上名字最简洁的艺术品收藏馆，但它却为艺术世界填补了一个特殊领域的空白。这个网上博物馆展出纺织艺术品，灵感来自对神经科学、解剖学以及神经经济学的研究。

通过PET（正电子发射计算机断层显像）和MRI（核磁共振成像）扫描面料进行渲染，或者大脑的三维模型，能够精确地发现科学图像的意外之美。由于制作一条被子的手工包括从绗缝到贴花、刺绣、珠饰、针织、钩针、艺术家使用的面料、纱线、金属线、电线、拉链和珠子，因而一条被子甚至像是核心内存（现代计算机芯片的前身）的缩影。

由马乔里·泰勒和凯伦·诺伯格建立，泰勒的丈夫比尔·哈勃策划，这座博物馆拥有奇怪且华丽的纺织艺术品收集。泰勒是一名心理学教授兼绗缝设计师，从在自己的公寓绗缝经历，来作为制作精神学科学家的图像的基础（马乔里·泰勒家的每平方米都展现了大脑在不同的活动情况下的图像）。

诺伯格，一位研究经济学的医生，针织出解剖后准确的大脑图像。（如果你之前不知道那个就是针织的大脑，估计你会想要戴着它。）随着博物馆得到的关注越来越多，博主哈勃开始接受投稿（但是礼貌地来讲，这其中有一些作品虽然在解剖中是正确的，但是与大脑毫无干系）。他决定收录艺术家帕特丽夏·乔治对于单个神经元的探索记录，这份记录惊人的详尽、可爱。

这家博物馆继续在发展壮大（它在《科学》杂志中被称作特色博物馆），同时它现在也在网上展出。哈勃针织的大脑在波士顿科学博物馆展出，泰勒的一件绗缝作品在刘易斯神经科学成像中心展出。剩余的作品在家和哈勃的办公室展出。不过，"这很有趣，"哈勃说，"你可以看到来参观的观众来自哪里，并且他们大多是来自神经科学机构。"

—— 阿尔文·奥莱理

>> 大脑艺术博物馆: neuroscienceart.com

摄于波士顿科学博物馆

一块石头的变革

摄影：格里·阿林顿

如果以假乱真是最真诚的奉承，那么自然母亲肯定会被格里·阿林顿的迷惑性的作品给羞红脸。常被误认为精心堆叠的石头实际上是陶土，它们被精心雕刻得像是真正的石头。

几年前，当阿林顿在爱达荷州的中央大木河度过了八个星期的像诗一般的田园生活后，他构思了自己的作品风格。他发现自己每天都沉浸在观察河里石头的细微差别，总是要带一两块石头回家。用陶土制作工作了一段时间之后，当他面对绘图板时，他的灵感被石头消耗殆尽。于是他开始一心扑在用陶土仿制石头的制陶之路上。

各种瓷器主体构成了这些石头。划痕、瑕疵和氧化物被精心添加到石头上的环形上，使得制作的作品更像真正的河岩。特别吸引阿林顿的是这种有机的、张扬的美丽（被描述为残缺之美），以及陶瓷错视画（蒙蔽眼睛的把戏），迫使观众重新审视这些一直以来被以为是理所当然的事物。

看起来像是一根飘摇的浮木靠在一堆石头上的东西实际上是个茶壶，陶瓷模拟出来的木头是壶把（右上图）。一堆石头，巧妙的堆叠和平衡使其成为了一个精巧的容器，顶部两块石头充当了盖子。一对圆滑舒适的石头实际上是盐瓶和胡椒瓶。阿林顿定制的喷泉是由石头环绕着组成了水流。

其实，也许阿林顿的工作中最有意思的是把作品向着大自然的方向逆向设计的过程。石头翻滚进河里，与其他石头碰撞，随着时间流逝被打磨光滑和抛光。从石头上掉落的石块碎片最终成为泥土。大自然用了几万年的事，阿林顿只用了几个星期，而其效果却是极好的。

—— 格利·默罕默迪

>> **阿林顿设计**: arringtondesign.com

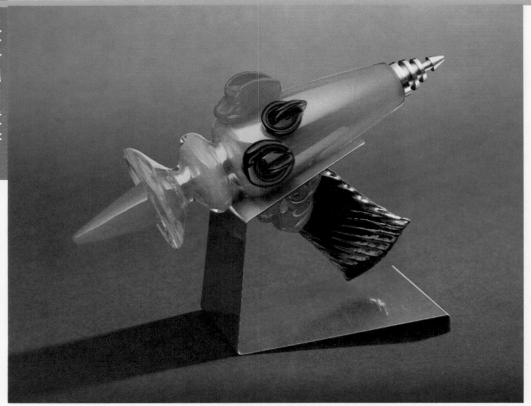

气枪

如果巴克·罗杰斯和芭芭丽娜在2006年来到地球，他们会去位于不列颠哥伦比亚省的温哥华的乔吹玻璃制品厂。除了制造Jetsons esque的高脚杯和灯具，杰夫·巴尼特还把玻璃吹铸成美丽的球根射线枪状，它无形地传播着旧科幻小说。

"在我还是个孩子时看的那些低成本电影使我很受启发。"巴尼特说道。他拥有近300支复古玩具射线枪。

这开始于巴尼特的2100℉的熔炉，这一熔炉能使200磅的熔融玻璃始终保持类似蜂蜜的状态。巴尼特拿着他的喷焊器蘸着熔炉里面的钢，在玻璃管的末端聚成一滴。然后他卷起高温的玻璃在颜料粉末上或者在染色的碾碎的玻璃上翻滚。"要保持吹制，"他说，"别弄砸了！"有一次枪的形状已经形成，他加上了一些装饰性的彩色玻璃，一个把手，一个扳机。标记都是手工直接加到玻璃上的。下一步是退火炉，要把温度用十几个小时慢慢降下来，以免玻璃开裂。在作品冷却后，与喷焊器相连接的锋利的边缘朝下，以便迟些与不锈钢尖端相连接。更大一些的枪来自废弃汽车的零件。

"我在底特律南部长大，我哥哥沉迷于汽车，因此感染了我。"巴尼特说。

为了创造射线枪临界的不透光的光线，他把玻璃片送到了一个科学玻璃吹制工处，这个吹制工使用非常特别的技术。将硝酸银、氨和蒸馏水倒入射线枪打开的一端。在倾倒液体时，银作为镜子内部涂层留下来。

这把跟手枪一样大小的枪在画廊的售价为600美元左右，而更大一些的作品（约2英尺长）能够卖出几千美元。相比较，熔融玻璃也并不便宜。巴尼特每月平均燃气账单为1800美元。

"每个人都喜欢玩火，"他说，"我只是玩得更大些。"

—— 大卫·佩斯科维斯

>> 乔吹玻璃制品厂：joeblowglassworks.com

摄影·史蒂夫·鲁林特

能量之花

艺术车？更像是一辆艺术起重机。2008年的"燃烧者"狂欢节迎来了一个80英尺的花以及带着敬畏的笑声，甚至泪水迎来的一只新的"捕蝇草"。

这朵能够自由滑行的花，机械设计师帕特里克·席恩的梦想是一台真正的JGL品牌的800AJ型号起重机，它有着梦幻的妆扮，能够掩藏它的本来面目，使其变得更加柔和。它们是艺术家兼灯光设计师乔希·弗莱明，外加上超过30个来自洛杉矶的"多糖"艺术空间和"做实验"艺术家团体的作品。

在制作过程中，他们经常做了拆、拆了做，这也很符合他们对于起重机在机械上的极高的期待。"在我们移动起重机的过程中有可能会破坏它的一些部件，然后我们又要重新绘图设计。""做实验"的联合创人乔希和他的兄弟杰西解释道。

起重机有大量需要解决的受力点。利用800AJ型号多铰链的优势，这朵花的头部能够像人一样旋转和倾斜，24英尺阵列LED背光的花瓣能够自如打开和关闭。为了适应伸缩手臂，弹性织物罩在合适的三合板光盘上，用绳子轻轻向内拉，使竹节关节之间呈现有机弯曲。

在20英尺见方的平台，完成了根部、叶子和较小的花的制作，以健全的系统作为支持，保护公众不受地盘、轮胎和17吨重的会移收聚的机器的威胁。对于电影《侏罗纪公园》的机械设计师和控制者席恩来说，这是一项最困难的工作。"你要让这么重的东西旋转，一旦'甲板'由于某些原因掉到轮胎处或者底盘下，这将会是巨大的灾难，会产生大量的碎木，导致人们受伤。"

从开始到结束，整个团队一直在努力，这个团队中的五个人致力于通过无线电来安全操作每个艺术起重机，他们曾做出过承诺。"我们或许会在这个过程中破坏一两辆自行车，"席恩说，"但是仅此而已。"

——艾瑞克·斯麦利

>> 花: tribes.tribe.net/theflower

摄影：加布·海默尔

联系
乌拉·玛利亚·穆坦恩

>>乌拉·玛利亚是"思联"组织（thinglink.org）的开创者，是博客"兴趣公主"（hobbyprincess.com）的作者，同样也是赫尔辛基大学的设计与创新工作的研究员。ulla@aula.cc

我的商标，不是没商标

在2002年9月播出的一个纽约公共电台节目中，《拒绝品牌》的作者娜奥米·克莱恩和《经济学家亚洲版》杂志的商业记者萨米娜·艾哈迈德就关于公司、人和力量在"商标与无商标"这一话题进行辩论。相比起商标，这场辩论实际上更多是关于自然和跨国公司所扮演的角色。克莱恩极力反对那些跨国公司对于社会的影响方面的另眼相待。艾哈迈德反驳道，公司能够提供工作机会和财富。这场辩论最终以一场天使与恶魔之争的愚蠢的拳击比赛结束。

尽管自从2002年开始，世界发生了变化，但是有关品牌和全球化之争仍止步于克莱恩和艾哈迈德最后讨论的进度。现在我有理由认为也许这一辩论要发生改变了。看起来似乎一股强大的力量在这领域出现了："我的商标"运动将要把"无商标"取而代之。

我从少年时意识到品牌的力量，不是在纽约，而是在芬兰东部，从俄罗斯边境驾车过去仅需不到2小时。在20世纪80年代，如李维斯和鳄鱼等国外大品牌非常流行，他们的商标是地位的象征。那时我最时髦的一个手工作品是一件有着时尚品牌商标的牛仔外套，这个商标是我偷偷从我妈妈的衣服上剪下来的，我的时髦程度是由我夹克上的商标衡量的。

如今，十几岁的男孩女孩们在街头时尚网页hel-looks.com上寻找购买一件有特别意义的衣服，而不是一味追求品牌。他们说他们更喜欢二手或者小众设计品牌，因为昂贵的大量生产的衣服一点都不特别。反对品牌的顾客在凯丝·波拉德（Cayce Pollard）出现时达到了顶峰，凯丝·波拉德是威廉·吉普森写的小说《模式识别》中的一名嗅觉敏锐的时尚顾问。她对于类似唐美·希绯格之类的"污染物"商标如此厌恶，以至于此类商标一出现，她的身体就会出现过敏反应。

对于我们中的一些人，穿着独特是自我表达的一种形式，另一部分的表达形式是拒绝现成的全球时尚品牌的主流设计。而且，更有趣的是，他们会完全自主研发自己的新设计。我们在在线交流网站如supernaturale.com和像《爱上手工》之类的书籍讨论流行趋势和技术，把我们的设计作品的照片上传到博客和Flickr（图片网站），在eBay和Etsy网站售卖我们的手工作品。类似threadless.com之类的T恤拍卖网站提供的服务，代表了成衣品牌用集中创造力来提供的另一选择。Threadless公司售卖的概念是"T恤只是一种媒介"，而我想传递的想法是"我的品牌"。

大多数人已经开始做自己的设计，他们都想用自己的符号来为自己的作品打上标签。这个符号可以是他们的缩写、一个绰号或者任何一个他们想要作为自己品牌标志的符号。这个符号会在他们的工作中被无数次重复和变化，最终变成他们的商标，就像加思·约翰逊的"极度手工"（extremecraft.com）上的骷髅头一样。如果在未来一个人拥有自己的品牌就像现在拥有自己的博客一样普遍，我也不会觉得惊讶。

大部分的设计师、手工艺人、青少年甚至是涂鸦艺人也许会同意克莱恩在她的书中所提出的观点。不过，替代"无商标"的是，他们更愿意拥有"我的商标"。✄

快速手工　雕刻橡皮章

加里斯·布瑞温

橡皮章是极好的东西，并且可以用在所有手工项目中，但是它们也同样售价昂贵，可选择的图像也有限。不过不用担心，你可以自己利用家里已有的材料制作简易图章。

需要材料：炭画橡皮（一块橡皮做一个图章）；转印纸，复写纸或者铅笔石墨；裁纸刀（用新刀片）；铅笔和钢笔；印泥。

1. 绘制图像

绘制一个图像，让它肖像化并且纹路清晰，其大小与橡皮吻合。在你完成设计后，做一个它的镜面图像。在制作镜面图像时，可以把此图像透过日光扣在窗户上（如果有透写桌也可以），然后在纸的另一面描摹它的镜面图像。

2. 转移图像

使用转移介质将镜面图像转移到橡皮上（如果你用的是石墨，在转移前把另一面擦干净）。将图像（如果使用转移介质的话，也包括它）转移到橡皮的一面上，切勿移动其位置。图像转移好后，用墨水描摹图像让它更清晰。

3. 雕刻图章

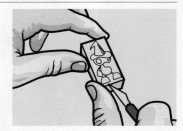

小心地将图像周围的橡皮削掉，每次只进行小面积的雕刻。尽量使削掉的橡皮的深度相同。检查橡皮章，以确保所有多余的橡皮已被去除。如果你开始不耐烦，休息一下。不要着急！

小贴士：在要去除的区域以交叉线画阴影或者做上标记，以便于让你分清，避免削去要保留区域的橡皮。

4. 测试和调整

完成雕刻后，测试一下橡皮章。刻得太浅的区域有可能会变模糊，或者图像看起来怪怪的。你也许会想要增加一些细节或者稍微改变一点。

一旦作品得到完善，将新做好的图像印到不干胶标签纸上，将它贴到橡皮顶端来显示此块橡皮章的图像，这样一来，在印章时可以明确指示印章朝向以及便于进行排列。

很好！现在你拥有了一小块艺术橡皮章，可以在贺卡、信、明信片、包装纸等，所有你想要的东西上面来装饰啦。

加里斯·布瑞温经常为《爱上手工》写稿，经常撰写关于自己动手做的技术类文章。同时他自己也运营了一个个人技术网站"街头技术"（Street Tech streettech.com）。

插图：达斯汀·霍斯泰特勒

珍品

展览我们最喜欢的手工作品

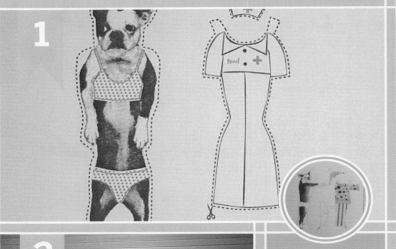

1. 可恶的洋娃娃

» 纸制洋娃娃是最好的，纸制狗狗就更好了！麻烦的是，当没有人在看的时候，你会困扰是否要把它们安装好后，再跟它们玩。

eggpress.com/shop.html

2. "小猴袜子"裙子

» 小猴袜子变得更好了。在你可以拥有整条缀满小猴袜子裙子的时候，为什么你只要一只小猴袜子呢？

sockmonkeys.com

3. 别忘了写信

» PodPost 的可爱女士们制作了一系列荣誉徽章，用于编辑、zinemaking 和写信，外加一种邮件艺术——便当盒，这个便当盒里提供了各种各样能装饰你的信件的物品。

podpodpost.com/shop.html

4. 咖啡杯套

»"为什么你可以重新利用杯套时，你要浪费另外一个纸制杯套？"自己重新利用吧，手工达人。

craftybitch.com/
pages/accessories.
html

5. Nano大变装

»我们看过成千上万种在iPod播放器上进行手工的改装，但是这款由俄勒冈设计公司的坎德瑞恩·贝尔制作的皮质的外壳，非常优雅，对于Nano本身来说甚至有些过于奢侈。

craftzine.com/go/
candrianbell

6. 纺织品的复古艺术

»柔软的触感，有着不可思议的弹性，利用这种特性和定制喷印的织物，手工缝制出24种最新流行模型，从夏威夷、巴黎到小仙女、牛仔男孩（骑马女孩们），还有太空飞船，真可谓应有尽有啊！

dolcemia.com

7

7. 拥抱你的垃圾

»蒂凡尼·托玛托把回收利用带向了一个完全奇特的新世界，比如：她的F时钟（回收利用了一台旧台式电脑的键盘），水果圈耳环，手镯（她的"早安"绳）。

tiffanytomato.com

8. 一圈圈羊毛

»不要等着简·冯达来改变你的外貌，编织一个莉亚公主的假发，会让你觉得自己就是公主。

craftzine.com/go/
leiawig

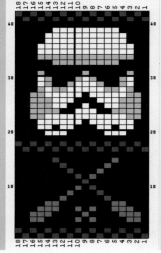

9. 星球大战的费尔岛图案

»如果费尔岛的图案花毛衣看起来有点过于可爱的话，去尝试用莎拉·布莱德百瑞的美丽图案来自己做一件吧。

craftzine.com/go/
starwarsfairisle

10. 超炫的帽子

»你想要一顶很棒的毡帽？简·希克斯会给你一顶。她的手工印制毡帽也是徘徊于精细和粗糙之间的雕刻品。这使得戴帽子又变成一件很酷的事情。

www.jeanhicks.com/
Erratica/Erratica.html

11. 爱+一

»我们爱极了这些可爱的手工镶边的连体衣和婴儿T恤。稀奇古怪的样式带有绘画的图案，用清爽的设计来装饰男人的领带以及狗狗的衣服！

loveplusone.net/
pages/robot.html

12. 交通学校

»把这些回收利用的手册翻个面，鲍里斯·百里投入很多精力在这个制作——把交通信号变成漂亮的流行：比如杯垫、胸针、椅子、盘子、碗，甚至是餐具。

borisbally.com

鸡蛋的艺术

苏珊·布瑞克妮

"鸡蛋人"保罗·沃亨用他疯狂的鸡蛋蜡染技术拯救世界。

★ **在** 乌克兰的古老神话中，从某种意义上来说，保罗·沃亨正在拯救地球——用一个鸡蛋。

据这位乌克兰与美国混血的艺术家说，人们曾经相信我们的命运完全取决于乌克兰复活节彩蛋的制作手艺——这些在乌克兰众所周知的用蜡染方式处理的鸡蛋，具有装饰性和高度象征意义。据说，有只邪恶的怪兽被拴在悬崖上，只有复活节彩蛋才可以使它镇静下来，每年它都会派仆人收集那些村庄里和附近的乡村里装饰过的鸡蛋。

"如果人们制作了很多彩蛋，那么它的锁链就会锁紧，到处和平；但是如果只有一点点彩蛋，那么它的锁链就会变松，恶魔就会走来走去。如果人们永不制作彩蛋，那么它将会被释放，世界将会被吞噬。"沃亨解释道。

沃亨10岁开始跟随母亲学习鸡蛋蜡染的基本技术。30岁的时候，他开始使用自己的蚀刻、染色和毛刷技术来精心制作世界地图、可怕的头骨、性爱画面以及更多的在不同大小和形状上的创作。尽管沃亨已经脱离传统，但是他制作的乌克兰复活节彩蛋的目的仍然是作为护身符，一如他们古老的使命。

古老的信仰

通常被称为"乌克兰复活节彩蛋"的出现远早于基督教。复活节彩蛋一词来源于"pysaty"，其意思是"写"。最先制作彩蛋的古人们用蜂蜡覆于鸡蛋上，之后，至少在过去的3000多年中，拒绝使用各种大胆的颜色。沃亨说："你在与新石器时代的、农耕文化形态打交道，他们是因自身能力而脱离世界的物体。"

为了发挥他们固有能量，只能使用受精卵，并且要使其完好无损。"装饰鸡蛋这一现象是一种信仰。首先，鸡蛋本身含有能量。在装饰鸡蛋的过程中，你基本上能够掌握如何使用鸡蛋内含能量的能力。"他补充说。

比如，在鸡蛋上用驯鹿进行装饰，表达了对健康和财富的良好愿望。描绘着鸡图案的鸡蛋表达了对女性生育方面的愿望。沃亨继续说："你应该给鸡蛋设计架梯子给老人，以便他们上天堂。螺旋代表了永恒本身。"每天吃的鸡蛋真的能包含如此多的能量吗？是的，沃亨说，即使在现代社会。"即使在我们的后现代文明中，对于人们来说，鸡蛋仍然具有象征性权力。它是从几千年前的文明到现在一直保持其价值的少数符号之一。"

仿佛是为了证明自己的观点，沃亨发起了"骷髅头"制作，一个旨在纪念所有在2003年在伊拉克被杀害的人民的艺术仪式。

沃亨与一家手工爱好者杂志的志愿者合作，利用他自己独创的雕刻和漂白技术，把完整的鸡蛋们变成了骷髅头，放在了纽约的波威里街的圣马克教堂的墓地里。"讽刺的是，我把象征生命与死亡的符号融合在了一起。这种悖论创造了一种张力，使得'骷髅头'制作成为

★ 同样是拯救世界，沃亨用的是他的双手——这就是鸡蛋蜡染技术的形成。

摄影·凯特·莱西

摄影：旁页为凯特・莱西；此页图片从左上角顺时针依次为：保罗・沃亨 罗伯特・辛克 金・汉森

★ 从左上角顺时针分别为：沃亨多层漆的恶魔的怒视，伊拉克坟墓的一堆"骷髅头"，这张近乎是雕塑作品的不同层次阴影的脸，带给我们宁静。

了一项有力的公众艺术。"沃亨说道。他希望在下个秋季使"骷髅头"制作成为国家性的项目。

信仰的影响

　　另一打破传统的是，沃亨的作品保存的时间都非常短暂。他的一些作品可以售价1000美元之多，于是他的客户希望这些作品能够更持久一些。因此，沃亨利用鸡蛋的空壳进行创作，并且在上面涂上很多层漆。大胆用蜡染方式处理的玛丽佛母，用这种工艺做出的圣徒以及镀金的"公鸡"护身符，沃亨的创作方式和对象可谓是多种多样。

　　为了尽可能多样化，沃亨使用了鸡蛋、鸭蛋、鹅蛋、鸸鹋蛋、美洲鸵鸟蛋和其他鸵鸟蛋。"每种不同的蛋有不同的纹理，即使是同一种蛋，也没有任何两个是一样的。"他说。有一件作品是雕刻华丽的基督教十字架，用浅绿色和金色构造出的精致的设计。沃亨从不使用染料。"这是一个鸸鹋蛋壳，除了金色是我后来加上去的，你看到的所有颜色都是它本身自然的颜色。我在一个醋缸里通过对鸸鹋蛋壳封蜡蚀刻加工的方法制作出了这个图案。在醋缸中泡的越久，蛋壳的色调越浅。"他说。

　　在另一端的设计图稿上你甚至能找到有情趣的乌克兰复活节彩蛋。受经典的希腊陶器的

启发，沃亨通过颠倒传统染色步骤，制作了一系列惊人的表现男性力量的作品："在传统染色过程中，你应该遵循从浅色到深色的步骤，但是我打乱了这个过程。这些作品是用蜡仿印花法制作的，但是又有一些不同。"

　　最近受西藏民俗的影响，沃亨开始探索另一种设计风格。"我在制作一些新的骷髅头，使它们的眼睛看向不同的方向。看起来它们好像在大笑。它们也有弯弯的眉毛，所以看起来很滑稽，同时也非常富有表现力。"沃亨滔滔不绝地讲着，对于能够把一项古老的传统带到现代社会显得很开心。同时，他承认，这也是一件很棒的事："这不是很厉害吗？我们在这里传播信息，拯救了整个世界！"╳

>>尝试按照页的DIY文章来制作一个自己的乌克兰复活节彩蛋。

苏珊・M．布瑞克妮是一个热心的手工者，是《灵魂伴侣的迷失》和续篇《未完全迷失的灵魂伴侣》的作者(lostsoulcompanion.com)。

达盖尔银版拍照法

彼得·谢里丹

摄影师乔纳森·丹福斯重拾远去的艺术。

我们都有过这种经历：当我们购买了新的电脑、数字播放器或者其他新科技产品时，不安的感觉总是伴随而来。我们心里明知道它将会在不久被淘汰，但我们却还要为此支付几年的信用卡。作为一名业余摄影师，乔纳森·丹福斯厌倦了为了更高的像素、更大的焦距和更大的内存容量而频繁升级自己的相机。

"我追赶着新科技的潮流，但是我受够了，"丹福斯，一位试听工程师承认说，"我决定尝试在不更新设备的状况下，看看是否还能继续我的工作。"在2003年，他和他的妻子吉尔在伦敦度蜜月时，他被达盖尔银版照相法的展览深深吸引。他决定拥有一个自己的展览，于是他参加了美国少数达盖尔银版摄影师的练习课程之一。

丹福斯对于达盖尔银版照相法的追逐从此开始，这种最初的商业摄影，由法国化学家路易斯·达盖尔在1839年申请专利。

"没有所谓的银版照相店，因此我需要大量的专业设备，并要学会使用，或者改造许多现有的设备。"26岁的丹福斯说道。

他在开始摄影前用了6个月来积攒所必需的用具和化学品。在一个生活节奏快速的年代，就连瞬间的满足都会嫌太慢，而制作达盖尔照片需要耐心。

"每张照片需要几个小时来成像，而你的每一步都有可能把它搞糟了，"生活在北卡罗来纳州达拉谟的丹福斯说，"拥有一块镀银铜板很重要。即使是最微小的划痕或者瑕疵都能在图片上显示出来。好消息是，如果你搞砸了，你可以把铜板擦干净，抛光，然后重新开始。"

如今世界上大概只有100名达盖尔银版摄影师，丹福斯就是其中之一。"这是一门以手工为核心的艺术，"他说，"你必须动手制作你的设备，制作自己的银感光板，冲照片，制作保护脆弱照片的容器。"

因为达盖尔银版拍照法不使用底片，而是直接在铜板上显像，这是最终创意版本。

"我喜欢它的原因是，在一个量产的年代，这张照片是唯一的，"丹福斯说道，"每张银版照片都是独特的。这是一个长期的、复杂的过程。但是在最后你能得到一张美丽的宝石般夺目的相片，它的吸引力和诱惑力是其他照片不能比拟的。"

丹福斯用他改造过的画幅为8英寸×10英寸的相机，在一块已经在暗房中通过碘晶体进行化学转化的镀银铜板上来制作照片，使其感光。图像是在太阳光下通过一个红色过滤器，固定在硫代硫酸钠溶液（又名海波）中，然后用氯化金溶液和喷灯镀金。

这是容易的部分。

一张银版照片因为其镜面抛光的表面上细银粉而闪闪发光，最轻微的触碰都有可能会破坏这脆弱的图像。它必须被保护起来，必须用玻璃封存好，保存在一个封闭的盒子里，因而丹佛斯还得为每张照片手工制作保护盒。

★ 旁页：利用仿古技术制作的一张电脑图像和永恒、宁静的摇椅。

★ 达盖尔银版相片细腻的成像使丹福斯能够完美地表现出一个奇异的葫芦（上图）形状，照片用玻璃密封在他手工制作的黄铜相册中，用红色天鹅绒和黑色羊皮包裹着，像是一件制作优良的皮面维多利亚纪念品。无论是拍摄案板上的猕猴桃或者北卡罗来纳的城市景观（下页），丹福斯的银版照片就像是即时拍下的古老照片。刻在每一个铜板底片背面的签名，标志着每一张独特的影像。

"我把黄铜垫片和玻璃置于平板上，以此来保证其安全，使其远离空气和化学物质。如果接触到空气，银将会被氧化，因此照片的密封是很重要的。为了保护玻璃，我又设计了一个华丽的容器，表面用柔软、豪华的小牛皮皮革覆盖，看起来就好像是一本古董书。"

丹福斯解释说，银版照相法在摄影中，既是最脆弱又是最稳固的一种方法。"如果人们不触碰银版照片，几千年后这张照片仍然完好，而底片和数字存储芯片早就消失了。"

丹福斯的手工工艺使得任何最新潮的图像都散发着历史的气息。

"银版照相法的细腻之极是一个奇迹，它的细节如此复杂，甚至都可以用珠宝店的放大镜来一探究竟，"达盖尔银版照相协会主席马克·琼森说，"人们观看时靠得越近，他们越会感到惊奇。"丹福斯表示同意："我认为这是最完美的摄影方法。没有扩大或者底片，也

没有图像的转变。图像直接投射到底板上。在分子水平上，它会成为银的一部分。如果得到正确的处理，照片可以永远流传下去。"

在最近几个月，丹福斯一直拍摄现代科技的照片，也就是他所谓的"人机交互界面"系列。"我拍了我的苹果播放器和Xbox游戏机，"他解释道，"通过达盖尔银版照相法，它们似乎拥有了新面貌和新感觉。我无法想象，一个人类学会怎样来分类这些图像，镶嵌在手工制作的木质容器里，埋没万年后的灰尘堆里。✖

丹福斯拍摄的银版照片：shinyphotos.com

在过去的20年中，英国侨民彼得·谢里丹作为一名驻外记者在美国洛杉矶工作，负责英国报纸杂志关于美国西海岸的报道。

在一个生活节奏快速的年代，就连瞬间的满足都会嫌太慢，而制作达盖尔照片需要耐心。

玩偶倾心

玛丽安·班杰

玛丽娜·比什科娃作品的华丽之处在于她对细节的执著。

她有着苍白、几乎半透明的皮肤，完美的小手戴着戒指和镶嵌着石榴石的银手镯。头饰上有更多的银饰和石榴石，围绕着她的脸和纤细的身体。她华丽的外表之下看起来似乎有些悲伤。透明的宝石面纱瀑布般的蔓延到她的身上，红色天鹅绒披肩垂到了腰际。在不列颠哥伦比亚，温哥华的一个房间里，她端坐着，穿着闪闪发光的珠子服饰。当她站立时，大概有15英寸高。玛丽娜·比什科娃是这个"皇妃"娃娃的创造者，她热爱制作娃娃。最近从温哥华的艾米利卡尔艺术与设计学院的一个4年艺术培训项目毕业，但她从小在西伯利亚长大。大量的艺术理论与文化冲击也许带领她走向一条她自己都未意识到的道路，俄罗斯历史的富裕和丰富的民间传说中出现的人物被以稍微黑暗一些的形式诠释，其视角比我们常见的视角更女性化一些。

对于在艾米利卡尔艺术与设计学院度过的日子，比什科娃说："艺术学校对我的知识和概念填充起了很重要的作用，尽管我很不满它们的艺术教育方法，并且在当时并没有意识到它对于我的艺术创造性的影响。"

比什科娃的工作风险仅仅是关乎美丽的问题。但是那些娃娃也有性别（在解剖学上的细节也是正确的）。"我想要挑战那些主流社会所认可的娃娃的形象。我瞧不起那些无视身体与性别的社会禁忌，并且希望将之击溃。"她说道。因此，比什科娃的作品在手工艺界有时候让人意外的惊讶。

这些娃娃的身高通常是12~15英寸高，一般需要用200~500个小时来进行制作。比什科娃从用聚合物粘土雕刻身体的各个部分开始（它们由铰链分为13个部分），当粘土变硬后开始细节上的雕刻，使之变平滑。然后她用磨具铸瓷，在烘烤前仔细地完善好头部、躯干、四肢和每一根小小的手指。最后，她用油彩为每个娃娃进行手绘，当烘烤完毕后，这些色彩将会永久保留。

在比什科娃小而严密的工作室中，摆放着形形色色的盒子装着娃娃不同阶段的身体部分，装满模具的抽屉，一个小小的架子挂满了烘烤过的测试色纸，也许在工作台上还有正在从一个白瓷转变成小小人类，嘴唇线条细腻，眼睛有着闪闪发光的水分。丝绸和天鹅绒已经制作好形状，串着珠子，点缀着如布料、装饰品和手工饰品等小小的细节装饰。在她的网页enchanteddoll.com上，经常能找到诸如"5件可脱换的服装是由超过3万颗玻璃珠子串成，重达1磅。其他的使用材料有：476颗奥地利水晶，76颗人造钻石，1045颗金属珠子，以及马海毛假发。"的典型描述。

我们最初的反应当然是想知道：她是怎么做到的？在一个大部分东西都预先制造好的年代，大家都使用最快的路线和简单的操作说明，数百个小时用于制作和对于如何最完美实现我们的想象的调查，让我们觉得不适应。比什科娃用在每一件作品上的技术使得她的作品变得特别。

"雪之女"：（下页）是比什科娃的第一个瓷娃娃作品，用了超过3万颗珠子来进行装饰。

摄影：查得·艾斯利

★ 莲（背面）把她畸形的脚隐藏在串珠的鞋中，代表了社会不公平的审美标准；皇妃（左图）用了200个小时制作；妮托克里是为了纪念第一个埃及女王。

　　艺术学校打开了比什科娃的视野，使她认识艺术道路形式的多种可能性，教导她思考。她不得不寻求其他获取技巧的途径来制作她想象中的事物。她花了一年时间离开艾米利卡尔艺术与设计学院去学习陶瓷，久而久之，她拥有了自己的方法和技巧来完善自己的手工。比任何东西都重要的就是投入的心血，她说，当你投入了那么多心血来探索技术之后，你自然会拥有自己的独特技能。

　　"我选择的材料是极令人入迷的，因为我的娃娃们的永恒性对我来说非常重要。作为一个艺术家，我自然希望我的作品们能够比我更持久，这就是我喜欢并且只使用我能找到的最稳定的材料的原因。比如瓷，保持时间几乎接近永恒。它甚至被用于太空。贵重的金属和石头，玻璃和水晶体是不会随着岁月而消逝的物体。我所追求的是高品质。"永远的美丽，听起来多像是童话。

　　"我的大部分调查都是通过艺术书、童话故事和谷歌。比起真实历史中的服饰，娃娃的外观更像是来自童话故事书插图中的形象。但是对于作品的发展来说，我肯定是更偏爱历史中的服饰。

　　比什科娃对传说和历史中坚强的女性颇为倾心。比如："妮托克里的最后一晚"，埃及的第一位女王；"最爱的妻子萨菲亚"；"雪姑娘"，俄罗斯民间童话中严寒老人的女儿；"有王子陪伴的白雪公主"，以新的视角来看传统童话。所以，尽管追求美丽是她最大的兴趣，她同时也对娃娃黑暗的一面以及黑暗面与欲望、控制力、死亡和永恒的关系充满好奇心。随着她的兴趣和主题的浮现，现在很难断定她的工作在未来会演变成什么样，但是在24岁时，比什科娃知道现在这些是她想要做的，并且是她打算要做的。※

玛丽安·班杰是一位画家，在加拿大西海岸边的一个岛上生活和工作。

城市毛衣
编织队

克里斯汀·安德森

当没有人注意时，编织队的"城市毛衣运动"用拉链和领带给城市贴上标签。

当晚上步行穿过城市的街道时，你会看到以下的景象。过时的报纸到处乱飞，蒸汽从井盖喷出，这是一个充斥着水泥和金属的冰冷世界。设想一下，当你转一个弯后，看见灯柱穿着一件可爱的毛茸茸的毛衣；或者汽车天线上裹着漂亮的保暖衣；又或者一个金属门把手上围着一条彩色围巾。这只意味着，被称为"请来编织吧"的城市毛衣运动的成员来到了你的城市，带来了奇异的毛茸茸的涂鸦！

他们通常以代号或者以绰号来活动，比如聚乙烯棉，聚丙烯纤维，纯金14K链，编织之子，圈圈狗，编织男，多节 N.I.T,P-编织，奶奶SQ，编织傻瓜等，这个团体将他们的工作（比如给门把手编织外套）最有魅力的方面与虚张声势和标签结合起来，以聪明、开玩笑式的方式在城市里表现出来。与其半夜在城市里到处张贴或者涂鸦，成员们选择偷偷地出门，给整条街道穿上毛衣，商业区和私人财产也同样对待。

尽管夜晚突袭与装扮一个可爱的睡城同样有吸引力，编织队这个创建街头艺术的想法却不是毫无根据的。编织队与城市艺术和涂鸦有一定的相似性，两者通常都悄悄进行，并且都不以赚钱为目的。艺术家们忙着把"女人味"或者"主妇"这个概念介绍和引入都市丛林，这个团体把戴着小标签的编织品留在城市的大街小巷，就像其他用喷漆的街头涂鸦者来做标

记一样。但是这些标签并不能给沮丧的建筑清洁工管理者和企业主以启迪；相反，他们对此觉得可笑，并且对于肇事者表示好奇。

出乎意料的是，这个成立于休斯敦的团体，自从2005年成立后就声名鹊起。在《休斯敦报》发表《请对编织感兴趣！》一文后，关于这个组织就像野火一般蔓延开来。在几个月内这个团体就被多个博客和杂志报道，也被邀请参加国际艺术展览，甚至在电视节目《周六夜现场》也被提及。

从一开始就决定匿名工作的编织队，它的组织运行好像笼罩在一层神秘的面纱之下。"我们之中有几个是妈妈，过着平静的生活，我们认为如果我们要到处奔波并且留下标签，最好还是低调行事。"编织队的创始人玛格达·萨耶格，又名PolyCotN解释道。

但是随后，萨耶格惊奇地发现这个团体走向了一个好的方向，并且得到了媒体和社会各界的关注。在这个过程中，她理智地放弃了她匿名的身份，以便更好地处理管理者与记者之间的事宜。这个团体剩余的大部分仍保持地下活动。整个编制队的发起从萨耶格邀请她的朋友卡罗尔·卡宁安（之后代号为AKrylik）为她公司的门把手缝制第一个外套开始。注意到人们频频回头的反应，她们决定为大树、汽车天线、摩托车把手以及自行车架子做保温罩和毛衣。

> 注意到人们频频回头的反应，她们决定要为大树、汽车天线、摩托车把手以及自行车架子做保温罩和毛衣。

这些作品持续受到好评后，她们继续保持在地下活动，并且迅速形成了一个团队，年龄从21岁到72岁不等，为她们编织作品。这个团队几乎都是女性，但是有一个自夸对编织非常在行的男生。正如他的网页所写："编织队是由10位不同年龄、种族、民族、宗教女士组成的。"

真正的作品或者"标签"也许应该算是一件来自于没有完工的一个编织项目的残留作品，或者是为某个事物预定特制的。它们迅速地包裹在不同物体上，用拉链拉好，挂上写有这个团体的名字和地址（knittaplease.com）的小卡片，这比编织的标签有趣得多。随着越来越多的成员加入了编织队（目前保持在10人），他们能够影响到其他城市，包括纽约、巴黎和西雅图。最具有冒险精神并且意外成功的一次是给长城的一块砖头穿上了毛衣。同时，手工地位的上升也意味着管理者要进行把手工变为艺术的探索，并且有很多人呼吁编织队去他们那进行"城市毛衣运动"。最近，萨耶格和葛兰妮·SQ去了西雅图，为西雅图著名的雨伞节举办了一次大型展览，包括在视觉艺术展厅外为10棵树穿上了毛茸茸的毛衣。

尽管编织队不断取得成功，并且得到机会去做越来越宏大越来越引人注目的项目，萨耶格仍坚定不移地保持其社会性。"我喜欢做更大的项目，我也希望见到它进入画廊的舞台，我也希望一直能够做街头项目。"

克里斯汀·安德森在西雅图居住，开办了罗格·拉·鲁画廊（roqlarue.com）她把她的空余时间用在研究艺术、生活科学和非常稀奇古怪的事。

钱包上的绘画艺术

彼得·谢里丹

波克多的移动钱包艺术，是让大众买得起的艺术品。

古斯塔夫·克里姆特画的《阿黛尔·布洛赫-鲍尔》的画像在2007年6月以1.35亿美元的高价售出，创造了画作售价世界最高纪录——至少在最近一段时间是这样。

然而，并不是说钱包里必须有这么多钱你才能拥有一件艺术品。事实上，即使钱包是空的也无所谓，只要它本身就是一件艺术品就行了。

波克多设计公司（Poketo，因英文单词Pocket的错误发音而得名）旗下有来自全世界的70多名艺术家参与设计，艺术家们共同努力这种现象迅速增多，从而把实惠的艺术品带到了你的钱包里。

波克多在2003年由艺术家泰德·瓦达坎和平面设计师安吉·明合作设计，从创立至今，已经推出了100多款限量版钱包，后来又扩展到艺术T恤和范围信使包，2007年推出了陶瓷器皿。

"我们启动这个项目的目的是配合当时正在举办的画展，"32岁的瓦达坎说，他目前在美国洛杉矶，"我们有7位艺术家，并邀请他们每人设计一款钱包——这些钱包面向那些买不起挂在墙上的画作的人们。对于艺术家来说，这些钱包变成了移动的画廊，他们的作品每天都得以四处展示。"

画展取得了很好的反响，钱包也卖得很好。"因此我们决定进行第二次收集，"他说，"我们用的艺术家来自美洲各地，也有来自巴黎和日本的。所以，我们设计的钱包应该就是世界的。"

任何一位穷困潦倒的艺术家都会告诉你，艺术与商业可以别扭地并存。

但是波克多激起了艺术家们将二者相结合的兴趣，来挑战新的油画，一幅被钱包内部分开的抽象画以及透明的信用卡套。

"我们把钱包基本的结构告诉艺术家们，然后就让他们完成剩下的部分，"瓦达坎说，"我们全部手工制作完成。我们将图像用四色印刷，印制在高质量的纸上，覆膜，然后用工业缝纫机将耐用的乙烯基制成的钱包缝制好。"

有一些波克多的钱包艺术家们是格子漫画家，他们的特点就是能够合上这页然后去探索新的设计。所有这个项目原创的艺术作品，每年分为4个集合系列，每个系列由7位艺术家组成，每一个版本的钱包发行数量增长到了200个。

"波克多把艺术和手工合在一起，但这不同于你妈妈的那种手工制作，"同样也是32岁的Myung说道，他表示无法想象波克多系列钱包与流速花边的锅垫以及浮木香炉出现在同一个工艺品展览会上。"玛莎·斯图尔特这样的事不会发生在我们这里。"

福达肯表示同意："我们正在以时尚、流行的方式将艺术品与工艺结合起来，这是当今工艺界的一种新型亚文化。艺术和手工之间的分隔线已经模糊，而波克多正处于这个位置上。我们的艺术家在艺术界与工艺界兢兢业业工作，为不同领域的人们提供具有实用价值的艺术。"

你在美术馆、时尚专卖店、设计师产品概念店甚至博物馆纪念品店都能和找到波克多系列钱包。将艺术带向大众的手工也得到摇滚乐界平等主义者的认可，其中一些乐队，如威瑟合唱团、邮政服务以及"The Shins"四人乐队等用的都是波克多的特制钱包。

波克多钱包售价仅为20美元，比克里姆特的原版作品便宜134999980美元，并且，使用的不是奥地利象征主义用的昂贵的帆布。而且每只钱包还有一位艺术家的自传和艺术家设计的徽章。

如果克里姆特想到了这些，那么想一想他的画会值多少钱吧。

在过去的20年中，英国侨民彼得·谢里丹作为一名驻外记者在美国洛杉矶工作，负责英国报刊杂志关于美国西海岸的报道。

摄影：波克多

波克多钱包的特色往往是采用原版艺术品。图中的作品
都是来自波克多东京系列。

用食品罐头构建一个
没有饥饿的世界

布鲁斯·斯图尔特

独一无二的慈善项目将食品罐头提升到一个新的高度。

纯粹用罐头创造性地砌成一个壮观的巨型雕塑，再将其赠送给需要食品的人们，这是每一位有爱心的工艺师梦寐以求的一项慈善竞赛活动，也是"罐头建筑竞赛"的宗旨所在。

从宏伟的都市景观到大型机器以及威风凛凛的动物，这些雕塑展现了工艺师的神思妙想，许多作品更是体现了工艺师建筑工程方面的高超技艺。乍一看，组成"眼镜蛇"扁头部分的罐头似乎要塌下来，但是，许多巨型雕塑就像这样公然挑战地心引力。看，这款双面希腊式花瓶和热气球是如何立起来的呢？

已有14年历史的雄心勃勃的"罐头建筑竞赛"活动，将其设计/建造的竞赛精神体现在"填饱肚子"的独特方式之中。该活动由设计协会和美国建筑师协会联合举办，由建筑师、工程师、学生等团队参与，在全国范围内相互角逐。

雕塑中所用的全部食品，加上抵门票费用的罐头，都捐给了当地的饥饿救济组织。"媒介本身就是信息，""罐头建筑竞赛"基金会主席兼常务董事谢利·梅利罗指出，"雕塑作品所用的食品即时可以变成饥饿人群的粮食。"

数百个参与竞赛的团队要在仅仅一天的时间里设计、创造并展示自己的巨型罐头雕塑。在每个地方的展览会上，都有各类奖项授予，例如，最佳食物奖、最佳商标使用奖、结构独创奖以及评委最喜爱作品奖。其中6个团队可以参加决赛。

通过参加"罐头建筑竞赛"，学生们得到设计与建筑行业导师面授机宜的机会，同时也锻炼了实践技能。如果没有一定的数学、几何、建筑工程、设计与建筑技巧方面的知识，想完成这些巨型雕塑简直是不可能的。

梅利罗表示，"罐头建筑竞赛"活动是作为一种设计与建筑行业的慈善活动创立的，目的是回馈当地支持他们的社区。她的这个想法始于1993年，并于当年在纽约举办了第一届"罐头建筑竞赛"。从那以后，此类活动日渐增多，比如在2006年，就有80座城市举办这种竞赛，纽约的竞赛是当时最大的，共有42家建筑工程公司参与。对梅利罗来说，最大的一项困难就是要在仅仅两天之内将15万个罐头运到比赛场地。

通过"罐头建筑竞赛"收集到的食品数量相当可观，单是在2006年就有200万磅，但这并不是艺术家们为消除饥饿事业做贡献的唯一方式。"这些雕塑让每个人逐渐意识到，被认为是地球上最富裕的国家也存在饥饿问题，"梅利罗说，"'罐头建筑竞赛'在为饥饿者提供食物的同时，也给人们留下了思考。"

✚ 美国各地的商场、博物馆、设计中心以及公共场所随处可见"罐头建筑"展品。查看具体位置，请访问 canstruction.org。

布鲁斯·斯图尔特是一名自由撰稿人和编辑，写作题材涉及电子通信以及一些开放素材，如太阳能、咖啡豆烘烤机、乐高大键琴等。

摄影：（美人鱼与莲花）凯文・维奇（公鸡和厨房）迈克・麦克・托利

从美人鱼到公鸡，再从眼镜蛇到鲜花，"罐头建筑"雕塑为您献上一道视觉盛宴。
从左上方顺时针开始："可爱的海中美人鱼"、"醒来吧！"、"莲花"、"流动厨房"

用废纸编织包装袋

扎克·斯腾

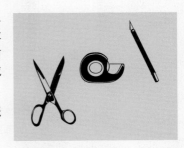

如果你的环保意识让你无法忍受把只用过一两次的纸丢弃，那么将它们编织成礼物的包装袋吧。再次重申"减少，再利用，循环利用"中的"再利用"的部分，你可以直接把任何信件、纸币、地图、收据或者其他任何废弃的纸片重新制作成礼物包装纸。

你将需要：美术纸，废纸，胶带纸，剪刀，美工刀，裁纸刀或者其他任何切割工具。

1. 将图案剪下

用一张大到能够包装礼物的纸来为编织准备框架。我更偏爱美术纸，但是任何可利用的纸都是可以的。在一张纸板（或者能够经受住划痕的桌子）上，轻轻地将整张纸上的S形纸条切开。在纸的边缘留下0.5英寸的空白。

2. 把纸切成条

将纸切成一条一条。把它们切成宽0.5英寸的直线条。每条纸条保持平行很重要，因此如果可以的话最好使用裁纸刀。把纸条按顺序放置，以便于组合。我喜欢把它们以渐变的方式排好。

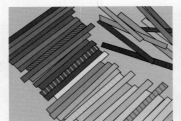
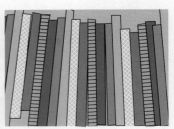

3. 编织成包装袋

把直纸条穿过纸片编织。如果纸条太短或者想要更多的变化，可把断开处藏在纸片后面。一条一条地进行，确保每条直纸条都精确地处于正确的位置上。用胶带纸在大纸片后面将纸条粘好。修剪过长的纸条，然后就可以包装礼物了。

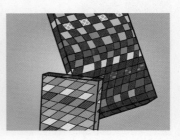

扎克·斯腾（zackstern.com）是一位来自旧金山的作家和电视制作人。除了为《爱上手工》写文章，他也为很多电脑科技杂志撰写稿件。

插画：达斯汀·霍斯泰特勒

创意 克隆

手工 俱乐部 来袭！

手工"黑手党"和手工"教会"，这两个快速成长的非盈利组织，致力于手工传播。

加里斯·布瑞温

狂热的手工与玛莎·斯图尔特在缝纫聚会上遇到会怎么样？好吧，也许就会产生手工黑手党和手工教会，这两个快速成长的非盈利组织，致力于手工传播。

位于奥斯汀市的手工黑手党 (craftmafia.com) 成立于2003年，最初由三位经营手工相关生意的女士成立。"我们为了能够集资发行广告而联合，否则我们无法承担费用"。奥斯汀手工黑手党组织的创始人之一珍妮·哈特说。"我们聚在一起聊天，喝东西，制定我们的目标，为彼此所鼓舞，以及获取最新信息。我们组织的影响力慢慢增强，因此我们决定在基于集中资源的原则上，把这个组织做成一个官方的团队，互相提升，一起合作工作。"

也许有人认为此类充斥着黑帮意味和搞笑的姿态会冒犯某些人，但是珍妮说事实完全相反："事实上，人们非常喜欢这个名字，我们收到了来自其他地区的手工艺人们的要求，希望允许他们在他们所在的地区使用这个名字来创建类似的团队。"如今，由41个手工黑手党组成的"大家庭"遍布美国和加拿大。

尽管每个团队都各有特色，但是他们都有一些共同的愿望，那就是促进全民动手DIY精神和小企业自主创业精神，为成员提供相互的支持、灵感和信息。哦！对了，还有从中获取巨大的乐趣。如果奥斯汀黑手党的成功只是个预兆的话，那么其数量上的成功是不可否认的。它的成员维奇·豪威尔的编织展会"粗糙的编织"对于2005年的手工编织是一个很大的冲击。如今，新加入了另外三个由手工黑手党成员主持的展会：Stylelicious，工艺实验室和创意毛线节。

也许你觉得手工教会 (churchofcraft.org) 又是另一个你会不诚恳地念出来的名字。不！手工教会的创始人之一，特里斯梅吉斯塔·泰勒牧师否认道，她是一位信仰上帝的神职人员，并且坚信救赎的力量。

"几年来，我一直听到上帝的召唤。它开始于一场演出，我在其中扮演桃金娘牧师小姐。我谈论关于创作，以及我们为什么需要每天都动手制作的原因。我收到了惊人的回应，使我意识到人们需要被激励去创作。"

现在，一共有11个手工教会组织和2500名成员。

插画：梅琳达·贝克

当一个朋友把卡莉·雅诺夫（她同样也听到了来自上帝的召唤）介绍给她时，手工教会成立了。其他来自美国、加拿大、英国和瑞典的手工艺人也同样被手工制作的精神所激励。

在概念上，手工教堂是一个"俱乐部"或者"加盟店"。对于她来说，俱乐部意味着对于会员的要求，而加盟店意味着商业上的风险。在真正的教会中，她向我们保证每个手工教会组织都以此精神为宗旨运行着，并且它们向所有人打开大门。"没有人被抛弃。"

在这个以用户为核心的互联网世界中，社交网络和线上合作都只是昙花一现，因此不难理解面对面的俱乐部的流行。泰勒牧师认为她知道为什么如今手工组织受欢迎的原因。"我认为经济的不景气促进了手工的发展。人们身上没钱，特别是在旧金山。互联网兴盛起来，大部分的人在二十几岁时失去了工作。大量的空闲时间和没有钱使得我们重新开始手工制作。非常感谢，兄弟姐妹们。"

加里斯·布瑞温经常为《爱上手工》写稿，经常撰写关于自己动手做的技术文章。同时他自己也运营了一个个人技术网站"街头技术"（streettech.com）。

手工制作版福音

以下摘自手工教会的创始人之一卡利·雅诺夫的一次演讲。阅读余下部分请登陆 churchofcraft.org。

制作东西并不简单。我们的生活迫使我们远离创造。我们是有教养的消费者：这就是说我们很清楚如何购买我们的食物、文化、知识、能源等。我们吞噬我们自己的生命，并且这也使之我们成为现在的自己。消费是被动的，这是最简便的方式。当我们消费我们的身份时，我们充满了自我疑惑：如果有人发现我们并不像我们所展示的那么酷会怎么样？我们的消费行为祸及我们宁静的生活，使它充满了广播的噪音以及一盒盒的通心粉和奶酪。但是当我们动手制作时，我们感到了满足，这是你内心所感受到的。试想一下你给予别人的礼物：你买了一件礼物（希望跟她家客厅的家具很搭）或你手工制作的礼物（希望她能顺便说一句，她对我做的礼物有何看法）。你更愿意送哪种礼物呢？我们并不是建议大家都移居到佛蒙特州，去在农场生活。而是，我们每个人都能找到创作在我们生活中所占的部分，并且它充满了我们的心、思想和身体，使我们有勇气去发现爱和制作爱。这就是手工教会存在的原因，来帮助我们回忆起创作在我们生活中所占的地位。我们走到了一起，我们制作东西，我们肯定从彼此身上看到的闪光点。然后我们充满灵感与自信地回家，心绪安宁。我们尽可能充满爱地生活。

如何加入手工黑手党

如果你想要创办你自己的手工黑手党组织，我们很欢迎你这么做（如果你所处的城镇还没有的话）。手工黑手党在craftmafia.com上有一页指导守则。这里是它们的总结。如果你感兴趣的话，请访问"Start Your Own（开创你自己的）"网页：

1. 告知我们你想要自己建立一个手工黑手党组织，你有30天的准备时间！
2. 创始阶段至少要有3位现有成员，3种不同的生意。
3. 标明你所在的城市或者城镇，而不是整个地区或者州。
4. 用你自己的标志建立一个网页，地址形式应为 mytowncraftmafia.com（或.net 或 .org）
5. 把CraftMafia.com和AustinCraftMafia.com设为友情链接，并且加入手工黑手党网络圈。
6. 将每个成员的网页都在你的网页上设为友情链接。
7. 在任何报刊中的发言需提及你从何得知这一想法！
8. 在印刷广告中，宣传Member craftmafia.com（可选）。
9. 一旦被认证为官方手工黑手党组织，你可以随意在网络和发行物中使用此名字！

感谢您的咨询！

奥斯汀手工黑手党组织（下图）、手工教会组织（上图）和该组织的成员乔尔·佩雷斯（左图）正在制作一个用于装圣诞曲奇饼干的盒子。

而特雷斯特·泰勒（中图）正在致力于制作她的魔法工艺手提箱。贾森·冈萨雷斯（右图）则在兴致勃勃地展示他用蔬菜等食物制作的一具尸体模型的左腿。

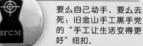

要么自己动手，要么去死：旧金山手工黑手党的"手工让生活变得更好"纽扣。

奥斯汀公益组织拍摄者：克罗·瑞安　手工教会组织拍摄者：特雷斯特·泰勒；特雷斯特·泰勒的图片由手工教会组织提供。

完美
与
舒适

Fitz网站创始人丽莎·豪汀在线销售针织时装以及她们设计的图纸！

娜塔莉·姿依·德里耶

"姑娘们，可下载的衣服样式！"这只是互联网上众多有趣的广告词中的一句，是丽莎·豪汀在她自己的独立缝纫网站fitzpatterns.com上用来吸引大家的招牌。豪汀，这位居住在澳大利亚墨尔本的设计师，已经厌倦了当地针织市场千篇一律、令人厌烦的样式。她决定要改变这一切，她渴望创新，渴望新的样式，她要把自己的爱注入创新时尚中，于是她开设了自己的网站出售她的设计和衣服。

豪汀说："我十分喜欢收集各种制衣材料，其实在设计前我非常希望再看看现在我手上有哪些材料，我曾经用这些材料做过什么衣服。但不幸的是，我是一个彻彻底底缺乏耐心的人，所以我会立刻开始设计并把它们放到我的网站上。我是一个彻底的行动派。"

Fitzpatterns.com成立于2004年，而现在网站上拥有超过25种款式新颖的针织衫款式，其实还包括了一种为男士设计的卫衣款式。

"通常情况下我只会提供舒适经典的针织款式，所以我认为将网站命名为"fitz"真是再合适不过了。"豪汀说，"我可能将网站继续做下去，但令我伤心的是很多人没有把它当作一件艺术品，没有意识到它的价值。他们只是希望有一件方便便宜的衣服可以让他们在周末秀一下。"

她时髦的设计包括了时尚界的所有领域，她善于从生活中获得大量的灵感。她设计的所有款式都十分的清新自然，并且会以她朋友的名字命名。她所设计制造的大多数款式只需要几美元（以澳元对美元的汇率直接计算）。并且豪汀在自己的网站上提供了8款免费的针织衫，其中的一些在著名针织播客网站craftzine.com/podcast广受欢迎。

豪汀在自己众多设计中特别喜欢托尼亚披风，这种披风的设计十分独特，在冬天把它缠在脖子上显得非常的美观。"我喜欢穿薄衣服，但是我又找不出其他温暖的东西搭配它们，那些暖和的衣服对于我来说不是看起来太简朴就是过分老气。"豪汀说道，"一件披风可能是一个不错的解决方案，我觉得这款可以缠在肩膀上的设计独特的披风十分时尚。"

为了设计制作自己的款式，豪汀首先在一具塑料人体模特上计算出制作一件上衣、裤子或是裙子的最好最简便的方式。她会亲手用各种工具或者直接用手在塑料模型上制作一件简易的衣服。豪汀向那些对于自己亲手做衣服有兴趣的新人推荐维妮弗雷德·奥德里奇的《度量剪裁》（目前只有英文原版）一书。

接下来她会画出一张草图，修改细节，纠正不可行的错误，直到认为完美无瑕为止。她做事十分的认真细致，最后她会把设计图纸的PDF版本上传到自己的网站。

左图丽莎·豪汀身着mimi衬衫。
右上图艾丽披着托尼亚披风。
右下图一件英国手工制作者完成的托尼亚披风。这件托尼亚披风是您在冬季的一个完美选择。它由呢绒、羊毛和斜纹呢制作而成，既好看又保暖，此外它还用了绸料做了内衬。

✚ 我们从Fitz网站选取六款设计放入了我们的播客，包括了托尼亚披风（上图）快来下载免费的设计图吧！
craftzine.com/go/fitzpattern.

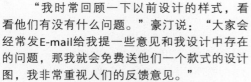

　　"我时常回顾一下以前设计的样式，看看他们有没有什么问题。"豪汀说："大家会经常发E-mail给我提一些意见和我设计中存在的问题，那我就会免费送他们一个款式的设计图，我非常重视人们的反馈意见。"

　　不仅如此，豪汀目前还在攻读互联网通信的硕士学位。她的工作其实是澳大利亚联邦科学与工业研究组织ASIRO的一名网站编辑。即使工作再繁忙，她也没有停止在她自己网站的工作。

　　豪汀说："我希望我能在设计领域更进一步，希望增加更多的款式，更多为男士设计的款式。我要创建一个可以轻易在网上搜索到的网站，这样人们就能随时找到他们喜欢的款式了。我坚信我可以做到！"✄

娜塔莉·姿依·德里耶是一名编辑，并在为craftzine.com写博客。

摄影：左图马特奥·蒙蒂贝洛，右图丽莎·豪汀

模仿大牌计划

加斯·约翰森

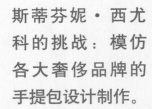

斯蒂芬妮·西尤科的挑战：模仿各大奢侈品牌的手提包设计制作。

手工制作的潮流如今已经成为了一种需要被大家重视的力量，全世界的手工艺者已经为他们自己那引领时尚的手工艺品牌开创了一个市场，Esty网站，该网站集聚了一大批极富影响力和号召力的手工艺术品设计师，在该网站上出售他们的独立手工艺制品。除此之外还有无数默默无闻的手工艺制作者在推动着这股时尚的潮流。整个时尚界的潮流趋势可以从手工艺品的潮流趋势中反映出来。各种自己制作的充满创意的衣物以及小工艺配件已经成为时下最潮最有范儿的时尚物品。

这些手工艺者中绝大多数本来都热爱购物和消费，但现在他们却意识到了美国许多工厂压榨工人并且过度地使用廉价劳动力，通过这样的方式来获取巨额利润的行为在业界普遍存在。他们不愿接受并且抵制这种压榨劳动者的产品。如今这种意识的觉醒普遍存在整个手工艺制作界。现在，手工艺制作和服装设计的界限也变得越来越模糊。洛杉矶当地的艺术家斯黛芬尼·西尤科利用两者之间模糊的界限设计制作手提包。西尤科是一名令人难以置信的多产艺术家，迄今为止，她的作品已经在数以十计的博物馆以及美术馆展出。不仅如此，她在运营她自己的设计网站(anti-factory.com)的同时还是斯坦福大学和加利福尼亚学院艺术系的教师。

作为一个菲律宾移民家庭唯一的孩子，西尤科儿时的消遣就是做手工，当然这也得益于她所拥有的超乎常人的想象力。她从小就会给她的玩具娃娃们做衣服和饰品。于是当她长大之后，想去探索广阔的艺术世界时，她理所当然地会在手工艺制作中拥有着过人的天分，可以说这与生俱来的天分与她童年的经历有着密切的关系。

这种穿针引线的手工艺制作贯穿于西尤科的工作中，她的工作可以将各种粗糙劣质的材料，包括各种麻料、编织料，乃至泡沫芯、木材、废纸等，制作成各种令人惊叹的手提包。

在当下，也有好多艺术家模仿各大奢侈品款式制作服饰。大多数在工厂制造奢侈品的工人都不可能买得起他们制造出的商品。于是在社会的底层，大家只能购买模仿各大奢侈品的服饰，这样或许能带给他们些许安慰。

这种模仿大牌或许是手工艺行业发展的一种必然会经历的阶段，艺术家们将自己对时尚和DIY的理解和热情注入制作手工艺当中。而现在斯黛芬尼还有一项"山寨"大牌计划。

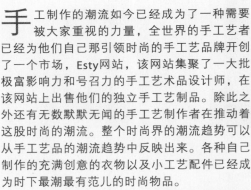

下图为西尤科在旧金山的大街上，身着她自己制作的仿香奈尔款式的服饰和手提包。

摄影·罗宾·图梅

大家能为该计划所需做的事情也很简单：

1）选择一个时尚品牌的女式手提包，当然最好是你想要的那一款。

2）估计一下手工制作的水平，确定是否在大体上能完成这款作品。

3）认真仔细的度量包包的尺寸，包括长、宽、高以及提包上的饰品，提包各个部件的功能用途（你要仔细研究提包上的饰品、拉链以及各种小装饰）。

4）将所有数据以及提包的外观资料发送给斯黛芬妮，而最后的成品会被她送去展出一段时间。

作为回报，参与该活动的人都可以得到一件纯手工制作的"反工厂运动"的衣物。还会在该活动的纪念册上列出所有参与、帮助过这个活动的人员名单。最后这份名单会被做成巨大的海报随着各种手工制作的衣服进行展出。参与活动的人还有机会去体验整个工艺品手工产业的整个流程：设计，寻找材料，制作，销售，宣传以及零售。

作为一个教育工作者和DIY业界的先驱，西尤科在她的个人网站上开辟了一个论坛，她跟大家分享自己制作的款式，传授自己在手工制作上的经验，与大家共勉。许多对于手提包制作的意见、手提包的各种款式等大量资源都可以在该论坛免费得到。

这个项目一经推出就震动了整个手工业界，许多手工业者都表示希望和西尤科合作。然而西尤科则必须小心谨慎地进行着她的计划，以免触碰到法律。许多行为必须被制止，这样才能保证活动不侵犯知识产权。

而那些生产假冒伪劣产品的工厂却可以得到数百万美元的利润，可以说那些工厂是一个巨大的犯罪组织，他们偷窃别人的知识劳动并以此获取利润。为了避免这些问题，手工艺者绝对不会批量生产商品以取得商业上的巨大利润，而且手工制作的每一件产品都不会相同。现在手工业者们正在致力于开辟一条新的销售途径和一种全新的商业模式。与此同时，西尤科收集了大量销售问题并且做了整理，她决心在手工业者中制造一种时尚的符号，并让她模仿大牌制作的设计变得更便宜。

西尤科制作完成的每一个提包都独具匠心，充满着灵感。不论从哪方面看，工厂所生产的编织物都不如手工制品来的精细。致力于"反工厂运动"的每个手工业者都竭尽全力，用他们长久积累的经验以及技能为每个提包去创造美感。你能感觉到他们将自己的爱与感情注入了每一个提包中，给每个手提包赋予了生命。而且手工业者都几乎疯狂的热爱那些最原始的材料。对于刚起步做这个项目的西尤科来说，这种高品质显得极为重要。每一个手工业者都将自己的个性和风格注入了提包中。

那么像西尤科这样深爱着手工业的艺术家怎么鉴别所谓的艺术的"大"和"小"呢？其实西尤科的这个"山寨大牌"计划是从她网站上的一个小的项目开始的。各种小小的想法和创意一点点地堆积起来就自然汇聚成一个大型的严肃的项目。西尤科非常善于将这些小小的想法变成一个有主题的、概念性明确的大型项目。

对于西尤科来说，这个"模仿大牌"计划可以说是她艺术生命中的一个里程碑，因为它包括了她内心所有的渴望和兴趣。这个项目在世界范围内为手工艺界，艺术界和时尚界的交流提供了一座桥梁。这些巧夺天工并且平易近人的手提包吸引了大量的关注，其中自然也包括了大量设计师的关注和支持。而那些消费者也被这个庞大的计划的各种创意所吸引。

那么西尤科下一步该做什么呢？除了在博物馆以及美术馆展出她为"反工厂运动"制作的衣物以及手提包外，她还致力于提高自己的手工水平。通过学习编制框子、室内装饰、家具的制作以及织毛绒制品，西尤科想要成为手工制作行业的全才。除非法律禁止手工，届时只有歹徒才做手工。

加斯·约翰森是一名居住在美国亚特兰大州设计师、教育工作者以及手工业制作者。加斯的个人网站extremecraft.com是一个关于手工业制造艺术概况的网站。

从"模仿大牌"计划制造出的包包
中选出你喜欢的吧！

戴安娜·施瑞博尔制作仿Dior款手提包。

由尼科尔·斯托制作的仿杜嘉班纳款手提包。

由古山制作的仿路易·威登款手提包。

摄影：左上角图片戴安娜·施瑞博尔，右上角图片尼科尔·斯托，下图古山。

为您解开 手提包的 制作之谜

制作香奈儿包
包的小贴士和
小技巧。

斯蒂芬妮·西尤科

我写这篇文章并不是想告诉大家如何制作一个独特的手提包的那些繁文缛节，我仅仅是想跟大家分享一下我做手提包的经验，希望这些经验和建议能对大家有用。到目前为止，我的每一个手提包几乎都是在一种无拘无束的、十分自由的心态下做成的，我想要发挥我的创造力和想象力去诠释每种材料的特点和细节。所以我希望大家都运用自己独特的想法和技巧去制作每一个包包，当然学习别人如何做手提包也是一门学问，多学习别人的经验可以激发出你的灵感和创意，让你做出更完美的包。

接下来的小提示包含了一些经验丰富的手工艺制作者对手工艺的经验和关于编制的基础知识。我从一些教你如何编织的书籍中寻找了一些基本的缝纫知识，以及如何从一些20世纪70年代的经典设计中获取灵感。在互联网上也有不少有关的资料能够帮助你立刻建立起你自己的风格。

下面的那个包是由比较粗的褐色毛线和深黄色的腈纶纱线做成的，这些材料在一般的杂货店很容易买到（每种线材各一捆就够了）。我喜欢那些看上去结实、比较粗的毛线，比起那些比较细的毛线，粗毛线能让我更迅速地制作出一个包。此外我没有为这个用毛线制作的包做一个骨架，因为对我来说这会减少那种很复古的感觉。我只希望用原始的材料去诠释这种设计。

这个提包的正面有一个标志和两颗纽扣。四个金色的垫圈则被安装在上方的四个角上，我用一根长绳穿过这四个垫圈做成一根背带。这根背带可以通过调节长度变成一根较长的背带或者两根一样长的背带，这可以完全根据人们自己的喜好来调节。

制作步骤 »

1. 制作包身

包的主体由四个独立的部分组成。

1) 正前方是一个大约11英寸宽、6英寸长的长方形。

2) 两边和底部是一条1英寸宽、23英寸长的长条，将底部、两边和正前方连接起来。

3) 背部由一个长宽均为11英寸的正方形组成。

4) 放标志的饰条则由一个长和宽均为6英寸的小正方形构成，最后的标志会被缝在这个饰条上，然后饰条又将与包的主体相缝合。

摄影：米克·阿奎勒斯

用跳针、漏针以及暗缝的织法将整个底部、侧面以及背面缝在一起，这种缝纫方法可以使包包有着凸起的滚边。当然通过不同的工艺技巧你也可以将整个提包做出像一块布那种一体的感觉。但从我个人的审美来看，更喜欢将不同的部分搭配起来那种错落的感觉。

用人造棉制作是为了编织出这样的格子样式，这种非常复古的款式是从我前些年在一个海石竹商店里挑选到的一件复古床罩上得到的灵感。

标志的那块正方形则需要先用短针来织，再将其两边和底部用长针来织。我希望将该正方形做得尽量简单以突出整个标志。（见下面图片）

2. 制作标志

标志的制作非常简单，但也要努力将它做好。其关键就在于要将字母C的长度量对。当你将两个字母C贴在一起的时候，在字母C的弧线上要留出缺口让两个字母C从缺口中相互穿过。字母C不要太厚但要制作得清晰。

做标志时要先留出与字母C内边一样长的弧度，再将另两条弧线做出来。

使用双极针织法织出每个字母C的三分之一，然后织出两个C重叠的部分。织到三分之二处两个字母C又会重叠，接下去继续分别织出两个C剩余的长度。在织的时候注意用长针织出字母C的曲线。

我没有使用腈纶纱线，而是使用了普通的细线来将标志缝到包上。这么做是因为我不喜欢边角的地方有太多的缝边痕迹。确认两个C相互重叠的地方。记住，这些小贴士都是为了更好地织出这个包！

摄影：斯蒂芬妮・西尤科

3. 制作垫圈

垫圈的制作需要用比制作包身质量更好的金色绳子。每个垫圈中间的二分之一都需要镂空。每个垫圈都需要织上十针，之后再用短针在镂空的圆内编织直到它看起来完美。

我制作了四个像这样的垫圈并把它们在两个角上缝成两组（正面一个背面一个）。而包身上有棉花的部分则采用了长长针的织法，该织法让这部分看起来非常的宽。这样做的好处是我可以在穿背带的地方轻易地找到一个洞来穿背带。

4. 制作背带

我从我的一本20世纪70年代的编制工艺书中找到了一种制作背带的技术（编者：好厉害！），我大致地计算了一下如何制作一条相对而言柔软结实、粗细正好的带子。这根带子最初由褐色毛线制成，最后再在上面镶上一根深黄色的线。

制作一根背带同时需要两股褐色毛线（这就需要计算两倍的厚度），然后确定背带的最终长度，我制作的是一条总长为40英寸的背带。这根背带可以通过调节长度变成一根较长的背带或者两根一样长的背带，你可以从垫圈中伸缩背带从而调节它的长度。

把你做好的背带的一端穿过第一个垫圈，然后再穿过另一个垫圈（你必须按顺序穿过垫圈，这样才能发挥背带可调节长短的功能，就像第51页上的图片那样）。

将背带的两头想办法粘合起来，让它们能够永久地和包包连结在一起。

一次使用两根毛线，使用滑线的方法将背带再织一圈。这么做是为了使你的背带更坚固，并且背起来没有那么脆弱。

然后用针在整根背带上绣花纹。我在背带上绣了两个来回才达到了我想要的效果。

瞧！真是美极了！我最后给包包安上了纽扣，但我们其实并非必须安上它。我想再给这个包做一个褐色内衬，或许最后还会做一个拉链来增加它的实用性。这个包的花纹决定了各种小物品会从包身的洞中漏下来（比如口红之类的物件），这的确显得包包不那么完美，因此，内衬也是十分需要的。

当我背着这个包上街的时候，它从没让人失望，也没有让街上的人们感到惊讶。人们对于这样的手工艺品有着正确的认识和观念。我梦想着所有从事编织业的人们都可以从繁忙的手工劳动中解脱，可以制作他们心中梦想着的设计。最后，无论人们对于高端时尚世界是抱着嘲笑的态度或是满怀憧憬和向往，我只想说一句话：革命万岁！

完成 🗙

斯蒂芬妮·西尤科是一位居住在旧金山的艺术家，她的工作经常会涉及复制文化、传播文化以及模仿大牌。她从反工厂联盟(anti-factory.com)回收衣服，并在加利福尼亚学院教艺术。stephaniesyjuco.com

手工：制作

当 你手上有一条旧裤子的时候，你会想把它变成什么呢？在这里我们可以把它做成一只手袋。在这个单元里，我们还会教大家制作一双休闲时尚的凉鞋，一床夏威夷风格的被子。还有更具挑战性的作品——用印制电路板制作一个迷你橱柜，以及使用电脑及投影仪将你最喜欢的画用各种布料制作出来并挂在墙上！

摄影：塞斯·阿利森

复古手袋

贝斯·陶赫蒂

摄影：塞耶·阿利森

选好款式，用一条旧牛仔裤制作一个复古手袋。

»著名的提供数位储存的网站Flickr旗下的"你包里有什么"板块已经记录了数千张关于手提包里东西的照片。
flickr.com/groups/whats_in_your_bag

▶▶ "减少、再利用和循环使用"已然代替了人们脑海中的"阅读、写作和算数"，成为了最先进的3R（三个单词首字母都为R）理念。在这种理念的引导下，我制作了下面这个手袋，这个手袋基本是由许多种不同颜色但图案相同的部分构成。

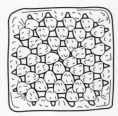

»早在1955年，可可·香奈儿女士就已经设计出了现在以她名字命名的手提包，它是首个配有肩带的手包。
en.wikipedia.org/wiki/chanel

该包的内衬是由一条旧牛仔裤做成的，在内衬里你可以缝上一个装手机或者零钱的小袋子。背带则是由一条经过编制加工的晾衣绳做的。这个点子十分亲切、经济环保吧！更不用说它与整个包的风格真是绝配！比起用旧材料制作这个包，更令人激动的是，这个包的设计结合了20世纪40年代和70年代的复古风！

»19世纪的法国时尚女性如果拎着手提包或者手提袋的话就会被人们形容为"ridicules"，这个单词在法语中是"可笑的、滑稽的"意思。法国男人觉得手提包是一个可笑得不能再可笑的笑话，女人拎着手提包就像是把他们的口袋拿在手里一样。
craftzine.com/go/reticules

贝斯·陶赫蒂，在位于芝加哥的哥伦比亚大学获得了文学学士学位。现在她和她的猫，还有她的丈夫一同居住在芝加哥。您可以在gourmetamigurumi.com获得更多有关她工作的信息。

插图：蒂娜·莉莉丝

你所需要的工具和材料

[A]220号或者更小的精纺毛线球

[B]4mm粗的钩针或者粗细差不多的毛线针

[C]60英寸长的晒衣绳，或者其他可以用来做肩带的绳子

[D]一条旧的牛仔裤用做内衬

[E]包边彩带用来搭配牛仔裤内衬

[F]线用来缝牛仔裤内衬

[G]缝纫机或者针

[H]大纽扣

[I]缝纫针

晒衣架以及铅笔
（图上未示出）

文中被用到多次的编织法的缩写：

编针（st）
引拔针（slst）
短针（sc）
减针（sc2tog）
聚簇（dc3tog or dc4tog）
长针（tr）
半长针，中长针（hdc）
锁针（ch）
跳过不织（sk）
次数(x)
环编（mr）
圈编（rnd）
外侧(RS)
内侧e（WS）

用到的线的颜色：

7803 灯笼海棠(紫红色)
8903 叶绿色
8910 浅绿色
9477 浅粉红色
8906 浅蓝色
8393 藏青色

20世纪设计的融合

我认为我们将时尚丢弃的太快了，那些所谓"过季"的衣服和饰品花了我们太多的时间！而这个包的灵感就来源于1945年线轴棉织品公司出版的一本编织款式书。

而基本的花纹是那些用小块布料缝制的床单上的花纹，霍顿·米夫林公司在1975年发行的一本由安妮·韩礼德修改润色后出版的装饰书。这两个设计相隔30年之久，我将这两个相隔30年的设计融合在一起并制作出了一个全新的包。

摄影：贝斯·陶赫蒂

⏩ 织出一只牛仔内衬的提包

时间: 8～10小时   难度: 中等编织

1. 测量尺寸

最终完成的图案经过测量之后是3.5英寸，该尺寸是经过轻微熨烫之后得到的（在基本图案指导说明的最后，我们将告诉你如何熨烫）。

注意，这可是精确的计量，为了不让你的包看起来松松垮垮。但是如果你想织围巾或者一些其他重视柔软程度的编织品，那么你可以尝试用钩针织出比这个包上的花纹更大的尺寸。

2. 编织图案

每个基本图案都可以随机用不同的颜色来织，但是记住最外面的那圈一定要用藏青色来织。说明中会举例介绍什么时候该换颜色。

2a. 首先使用环编的方法，用叶绿色从中央开始编织。

圈编1：圈时一次锁针，7次短针，在第1针短针的顶部用一次滑针（每圈开始8次编针，每圈开始时都是用一次锁针代替编针）。在这个圈的外围用毛线做一根工作线，然后用钩针把它们织起来。环编这个圆直到最后在尾部留出大约6英寸的长度。当你完成了圈编1之后，就可以将尾部尽量往圈上拉一拉使两个部分尽量靠近。

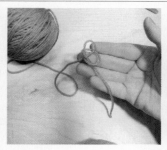
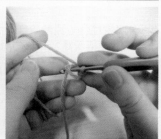

圈编2：3次锁针并3次长针在相同的位置滑针，之后3次锁针（在下1次的3次锁针、短针之后并4次长针），这个步骤反复7次，之后顶部滑针并3长针（8次长针并8次锁针留出3片空隙）。最后用叶绿色把整个圈连起来。

摄像：简·陶赫蒂

项目：复古手袋

2b. 用紫红色毛线编织

圈编3：从这个圈的任意一点3次锁针，并在这个地方4次短针，然后在并针的地方跳过不织（在下一个地方用5次短针，继续跳过下个并针的地方），重复7遍（40次短针）。最后将酒红色毛线打结，系入如图所示的第1针中。

2c. 用浅蓝色毛线编织

圈编4：从任意5短针为一组的花纹上拉出一个圈，在同一个短针上1次锁针，2次短针，（在下一个短针处一次短针，2短针并1针，继续在下一处短针使用短针，然后在下一处短针用3次短针）这样重复7次，在一处短针处用一次短针，2短针并1针（48次短针）。

首先将毛线打结并留出8英寸的线头，然后把它穿到毛线针里，然后从外侧开始穿过织完的圈编。

将针往里侧拉，然后将针插入圈编的最后一针编针的中间。在内侧的最后将其编织打结。如图塞到圈编的第1针短针中。

2d. 用淡粉红色毛线编织

圈编5：从任意2短针并1针中挑出一个圈，在下个编针处用短针，*2针并1针，在一个编针处用半长针，下一处编针时用长针（长长针，3次锁针，再长长针在下一处编针时使用），下一处编针用长针，再下一处半长针，接下去的3个编针处使用短针，从标有*开始的步骤重复3次，短针2针并1针，下一处编针使用半长针，再下一处长针（长长针，3次锁针，再长长针在下一处编针时使用），接下去长针，下一个编针处再用半长针，短针2针并1针，下一个编针处用短针，（44处编针，4个角3次锁针）。将淡粉红线打结。塞到圈编的第1针中。

2e. 用浅绿色毛线编织

圈编6：从任意3短针成1列的中间那记短针处挑出一个圈并锁针，在接下来5个编针处都使用短针，*（2次短针，半长针，2次短针）在角上3次锁针处，接下来11次编针处都需要使用短针，从*开始重复3遍，（2次短针，半长针，2次短针）在角上的3次锁针处，往下5处编针处用短针（64次编针）。将浅绿色毛线打结并塞到编针的第1针中。

2f. 用藏青色毛线编织

圈编7：从任意5短针成一列的中间那记短针处挑出一个圈并锁针，在加下去7处编针处用短针，*（2次短针，半长针，2次短针）在下一次编针处，接下来15次编针处用短针，从*开始重复3遍，（2次短针，半长针，2次短针）在下一次编制处，然后接下去的7个编制用短针（72编针）。

2g. 另外制作16个基本图案，一个包一共需要17个这样的部件。可以随意变化颜色使最后的整体设计美观。

3. 熨烫并拼接图案

3a. 在你做完这些基本图形之后，你会想熨烫一下它们，或者你不希望熨烫它们。但是熨整一下会使将它们串联起来的工作进行得更顺利，由于你使用的百分之百纯毛线，熨烫的过程会十分的轻松便捷。

右面有一张未经熨烫过的基本图形的图片。看起来它就不是那么平整，如果你不先熨烫它们的话，它们看起来就是那样的。

熨烫它们只需要先把这些3.5英寸的正方形按住（仅仅按住边角就可以了），再喷上一点水，或者拿你的熨斗喷上一点一点蒸汽，最后把羊毛的部分熨一下就完工啦！

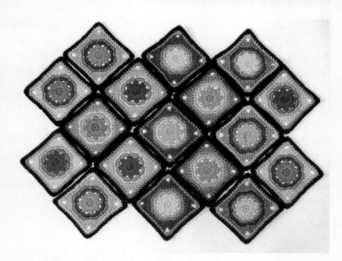

3b. 将全部17个基本图形熨烫过之后，就可以把它们拼成一块，之后再对折，这样就构成了手袋的正反两面。换句话说，这次你得将所有编织完成的基本图形都拼起来制作包的正反面，一个都不能少。

3c. 有很多种方法可以将这些小块连在一起，有些人喜欢把它们缝起来，而有些人则喜欢将它们编织起来。我的首选方案是用滑针把它们从内侧编到一起。

把右下部分的两个基本图案拼在一起。只要将外侧连起来之后突出里面的花纹。我喜欢将外面的两个角用滑针连起来，这使我的基本图形看起来很有棱角。再提醒一次，真的有很多方法将基本图案拼接起来。这仅仅是我最喜欢的一种方法，因为该方法从外面看不出线头并且我不必将缝好之后多余的毛线剪掉。

当将两个小块儿拼接完之后不必弄断你的毛线，继续去将下两个基本图形拼接起来吧。

4. 给包做内衬

当将所有的基本图形拼接完成之后，你会发现在图形中会有一个个小洞，因此给它们做个内衬是不错的选择。更美好的是你只需要一条旧牛仔裤就可以了。

✻ **小提示**：如果你愿意，也可以从牛仔裤上剪出一个小袋子并把它缝到内衬上。量好尺寸，大概是一张ID卡或者一只手机的大小。

4a. 做这个包的内衬需要一大块布。最简单快捷的方法就是使用一条牛仔裤的裤腿部分。剪下裤腿部分并从裤线打开。然后如图将你织完图形的正中对准裤线摆放。

4b. 将包放到裁剪好的布上，用铅笔勾出包的轮廓。然后用剪刀沿着轮廓线裁剪。没有必要把多余的裤线留下。

4c. 以裤线为基准将剪下的部分对折，使内衬部分重叠。将两个较短的边，用1/4英寸的线缝合。将线头在边上打结并找个地方藏好线头。

5. 把包的各部分组合拼接起来

5a. 将60英寸长的绳子两段缝合。我用缝纫机以"之"字形的缝法将其缝起来。将绳子的一部分放进你的手包。如图以绳子为中心对折你的包。

注意：内侧朝上。

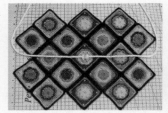
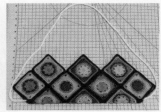

5b. 从外侧开始用藏青色的毛线拔出一圈，用短针从对折的地方开始沿着晾衣绳编织。你立马可以装上肩包并将边上编紧。我发现有必要在每次编针时使用两次短针。为了做到这样，我们可以将绳子放到图案的顶部，用短针穿入基本图形和绳子。当手包的一边编紧之后再单独用短针编织晾衣绳。

我发现晾衣绳老是将单针弄成团状。那我就顺水推舟，不但在编织过程中弄出点团状线，还将毛线紧密地揉成一团。这样使手绳看起来很美观。我还发现衣夹对固定绳子有着很好的效果。在我编织一边手绳的时候，衣夹可以有效地固定另一边的绳子。

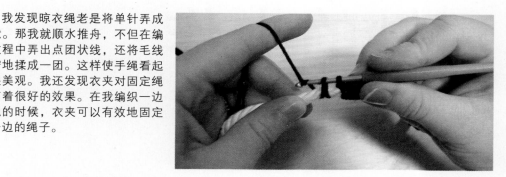

5c.当整根肩带都彻底紧密地被毛线编织完后，再用单针将包织得再厚一点，或是在绳子的周围再织一下，就像你第一次做的那样。你也许还可以再用单针将包的顶部编织一下。

5d.将内饰插入制作完成的包并将它们缝到一块儿。

5e.在中间的点缝上扣子。

6. 制作流苏（可选）

6a.剪5英寸的硬纸板。用12英寸长的毛线穿过硬纸板的顶部，再用30根藏青色的毛线缠绕住硬纸板和毛线。再将毛线在顶部系紧。后面你将用这个系上流苏，将底部的毛线剪干净。

6b.在流苏顶部的1英寸下用额外的几组毛线包紧几次，在尾部打上一个牢固的结。最后将流苏的尾部修剪整理一下。然后重复再做第二个流苏。

6c.在包的任意一边将流苏缝到肩带露出包的部分上。

这样我们就完成了！现在你可以自豪得背上你的复古包了。

完成 X

摄影：塞耶·阿莉森·高迪

巧妙的杰作

特里西娅·米尔斯·加里

用布料拼接，
创造出你最喜欢的画。

➤➤ 当装潢的时候，我会精确而又严密地想象出我要的是什么，并且拒绝简化。我在装潢客厅时，花了一年时间寻找我心目中完美的家具，之后我想制作最后一件作品来完成装潢。我被一家餐厅中看到的一幅华丽灿烂的画激发出了灵感，那是由艾玛努尔·瓦迪绘制的一幅多彩的、立体的、画着两位音乐家的画。

　　我从电视上看到了如何将布料延伸到画布上，这是另一种表达艺术的方式。我能向瓦迪致敬并用布料拼接的方法重做他的画吗？在我的笔记本电脑和数码放映机的帮助下，我做到了。

注意：确定你在重新创作别人的作品时要得到许可，不仅是因为法律，更因为当你的作品被人重新创作时，你也期望有人获得你的许可。

» 莱昂纳多·达·芬奇的蒙娜丽莎是世界上最著名的画之一，现在仍然被神秘覆盖着。没有人知道在那一天谁是真的蒙娜丽莎，没有人知道她是否真正存在。
wikipedia.org

» 在1965年的纪录片《毕加索的秘密中》，巴勃罗·毕加索用了几块透明的帆布来演示他如何绘制几何简单图形，几条线和色彩来创造他的艺术。
moviehabit.com/
reviews/mys_bd03.shtml

» 城市墙投影艺术：1994年，伊安·德格鲁希在澳大利亚墨尔本斯旺斯顿大街边上的一座巨大的建筑上展示了投影的艺术。
artprojection.com.au

特里西娅·加里为奥莱理技术学院制作了很多帽子。她将自己有限的空闲时间花在陪她的丈夫和加利福尼亚塞瓦斯托波尔的三只动物乐队，以及制作工艺品装饰自己的家和主要给犬类听众弹钢琴。

摄影：美科·阿基略斯

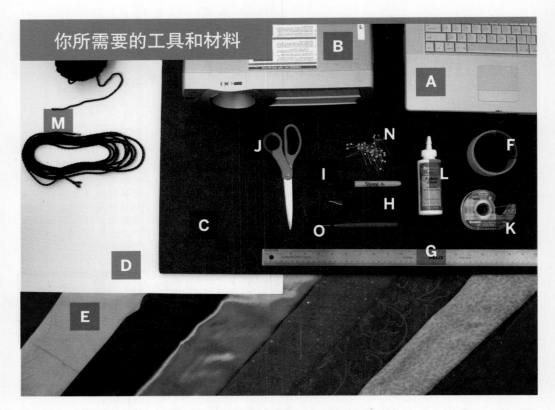

你所需要的工具和材料

[A]你设计的数码图像的画。最好的是挑那些有着又长又大块的同种色彩的画，比如立体派画或者现代派画。换言之，（印象派）描绘法的也许不是最佳的选择。

[B]数码投影仪。那些办公室赠送的二手货就可以。只要确定它可以和你的电脑一起工作就可以了。

[C]一块展板。裁剪到你设计好的画那么大。你可以在像迈克尔那样的手工制作商店买到它。

[D]一块薄的广告纸板。它也要和你设计的画差不多大。如果你找不到一块足够大的纸板，那你也可以用胶带把几块拼起来，直到能容下你设计的画的大小。如果你设计了3D效果，那更多的纸板能够更好地把3D的效果铺垫出来。

[E]不同颜色、质地的布料，用来制作画上不同的颜色。我建议使用那些薄得可以轻松对折的布料，不要透明的。我用的是在乔安的布料

和手工制作店买到的。

[F]封口胶布。用来粘广告纸板。

[G]一把尺子或者测尺。

[H]一把X-acto的美工刀。用来剪裁展板。

[I]黑色记号笔。用来描线。

[J]剪刀。用来裁剪广告纸板和布料。

[K]双面封口胶纸（双面胶）。

[L]布料/手工胶水。

[M]毛线或者布料的边角。用来勾勒出形状、轮廓和细节。

[N]大头针。用来固定。

[O]十分小的画笔。用来将毛线粘到作品上。

没有玻璃的相框。用来装最后完成的画（图上未示出）。

特别感谢世界知名的艺术家，中提琴演奏家伊曼纽尔·瓦迪（Vardiart.com）和知名艺术网站（relectionfineart.com）授权的原图。

摄影：杰克·麦肯基

▶▶ 制作你的布料艺术杰作

时间：1周　难度：简单

1. 制作你的画布

1a.你的拼接画可以按你想要的大小来设计。然而确保长宽之比是一个常数，这样你的画看起来才能协调。举个例子，我的瓦迪画的数码图像长为507像素，宽则是337像素，算出长宽之比：$507/337 \approx 1.5$。由于我想让它有45英寸宽来与我的墙相契合，那么我的画布需要45英寸宽、30英寸高来确保长宽比一致（$45/30=1.5$）。

1b.你已经估算过你的画的尺寸了，之后就可以在你的展板和广告纸板上用尺子测量出它们并且用美工刀把它们剪裁出来了。

　　如果你的展板不够大，那么就用胶布将两到三块展板粘合到一块儿。我想要做三层，背景、黄晕的背景和音乐家，所以我重复剪切了三次广告纸板。使用几层的决定在于你自己。

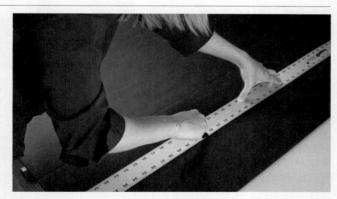

2. 勾勒出整幅画

2a.使用封口胶布将你的纸板画布贴到墙上。再将你的投影机连上电脑，把你的数码图像投影到画布上。你要调整投影仪距离画布的距离来确保将图像完美地投影到画布上。此外，别让你的投影仪倾斜，否则会毁掉你的画。

2b. 用一支记号笔在广告纸板上勾出选定的图画的轮廓，你勾勒出的轮廓在后面将会指引你用布料剪裁出形状，并且你可以在一些细节处用毛线填充，就像我的瓦迪画中用毛线填充了小提琴和大提琴一样。

2c. 由于我使用了三层纸板，所以我只在第一层纸板上勾勒出了背景，然后在第二层勾勒出光晕，最后在第三层勾出音乐家的轮廓。在那些模棱两可的地方你可以做出具有你自己风格的设计。比如，在背景层，我将本来被音乐家覆盖的线连了起来，我还在大提琴上留出了一些本来不需要的线。毕竟，这是你自己的创作。

3. 剪裁出你的图案

用剪刀沿着你勾勒出的轮廓为你的布料制作图案。由于你会将布料粘到每一块图案中，小心别裁剪得太小，否则会让图案和布料绕在一起。对于那些最小的细节，比如那些音乐家的眼睛，将他们先空着，最后我们将会用毛线来填充这些空白处。

4. 用布料画你的作品

为每块剪裁出来的图案挑选你想要的色彩和质地的布料，再将其倒过来放到你的工作台上，并将剪裁好的图案放到布料上，用双面胶固定好它们。从剪好的图案外约0.5英寸处，在布料上画出轮廓并剪裁出布料的部分。

注意：为了防止混乱，你可以在每块布的后面标记出你需要用到哪种颜色的布料。

5. 将布料装配起来

5a. 将布料图案粘合到你的展板画布上组成你的作品。由于布料有着不同的厚度，因此当你把它们拼起来的时候有可能会出现小裂痕和重叠的部分。别担心，这些小裂痕会在你用毛线连接他它们的时候被覆盖掉。你只需尽可能多的将画的边缘置于你的展板画布之内就可以了。

5b. 当你对图案构成比较满意的时候，用胶水将小块布料粘到展板上。每粘好一片后，用重物在布料上压平直到胶水干掉为止。当你有许多层展板的时候，确保底层的胶水干了之后再进行上一层制作。在继续工作之前至少需要24小时让底层完全干透。

6. 固定你的边缘

6a. 为了制作布料的边缘，首先用小画笔蘸上一点胶水涂在你制作的图形的边上。接着小心地将毛线或者其他用作边的材料粘到胶水上并固定它。我用整齐的黑毛线制作音乐家和乐器的边，再用更粗的黑线制作背景部分。

小贴士：你可以在任何一个布料店买线、鞋带或者其他你知道可以做边的布料。

6b. 制作小细节的时候，首先检查一下黑色标记线是否可以在你的每块布料上看见，如果你可以看见它们，就可以用那些线作为指引来涂上胶水。如果你看不见它们，那你就需要在涂上胶水之前重新将图片投影到画布上，并在布料上描出这些小细节。接着将毛线沿着胶水贴上去，如果需要的话可以用大头针帮助固定图形。

当毛线下的胶水干了之后再取下大头针。如果需要的话还可以在你的设计上压上重物直到它们完全平整。在胶水干了之后再取下这些重物。

7. 把你的杰作框起来

7a. 一个漂亮的框架并不是单指给你的画安上一个专业的、时髦的装饰。它还会防止你的画扭曲变形并让你可以轻松地挂在墙上。如果你可以找到大小合适的框架，那么只需要轻松地把画装进去就可以了。

如果你像我一样找不到，那么你可以将它拿去框架店定制一个框架。它的价格取决于框架的大小和样式。我在迈克尔的店里花了大约80美元制作框架。

7b. 现在该享受你劳动成果的时候了。不仅是你重新制作了你最喜欢的画并把它们变成你自己的杰作，更因为在你的家里和你的预算中，你已经可以将大小、色彩以及结构质地完美地组合起来。这真是一件非常有趣的事儿。

完成 X

夏威夷风格的被子

茜茜·塞劳

给子孙们织一件热带风格的传家宝。

▶▶ 一条夏威夷风格的被子在夏威夷可是宝贵的传家宝之一，一代一代地传给家族成员，并诉说着这条被子的设计者、编织者以及接受者的故事。传统的设计图案包括了木瓜、菠萝、菠萝叶以及芋头的根部，但是所有对于自然、传统、传奇以及对重大事件的爱都可以作为图案。

我建议你向这条被子未来的主人叙述你自己的想法和目的，因为我们确信如果接受者和你一起经历了这个过程，他们将会体会到这条被子是用爱设计、用爱创造、用爱赠送给他的。

图中美丽的被子由多丽丝·涉谷缝制，设计师则是约翰·塞劳。灵感来源于第一位统一夏威夷的国王的皇家标志。

» 著名电影演员和制片人汤姆·赛利克在20世纪80年代马格南的兵役中穿了许多件带花的夏威夷T恤衫。
tomselleck.tv-website.com

» 夏威夷风格的被子中那些对称图案的剪裁与剪纸雪花十分相似，不同的只是夏威夷风格的被子用布料做成。
papersnowflakes.com/patterns.htm

» 那些夏威夷风格的被子上缝制的微小图案非常像大海上的涟漪和浪花。
kathyskorner.net/hawaiian.htm

摄影：茜茜·塞劳　插图：蒂姆·利利斯

茜茜·纳尼亚莉·塞劳在一个从事夏威夷传统缝制业的家庭里长大。现在她在父母博卡拉尼和约翰身边学习缝纫。她全程帮助父母出版了5本缝纫书籍。在2007年4月出版的书中,她还是一位合著者。

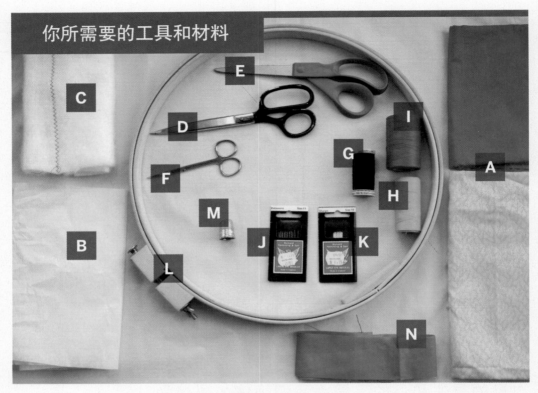

你所需要的工具和材料

[A]6码（大号的）或者9码（特大号）的布料。每块都用作设计以及缝制背衬。

[B]6码或者9码的缝纫纸或者花样设计纸（小块的可以粘贴在一起）。你也可以使用棉纸和报纸。

[C]6码或者9码的棉絮用来缝被子。

[D]剪纸用的剪刀

[E]剪布料用的剪刀

[F]小剪刀

[G]假缝用线

[H]线要匹配设计好的布料

[I]缝被子用的线要匹配做背景的用料

[J]缝被针线各种

[K]各种型号的嵌花针线

[L]14英寸的缝纫裙撑

[M]顶针，嵌环（建议新手使用皮革顶针）。

[N]斜纹匹配被子的背衬或者顶部（你可能需要自己动手制作它）。

我记得当我们全家聚在一起或者庆祝的时候，我母亲会小心地把所有被子从橱柜里取出来放到每一个卧室的每一张床上。她会轻轻地触摸被子，有时候还会抱住被子，就好像这些被子具有某种魔力和精神力量。

一天我问母亲为什么她经常在聚会的时候将被子陈列出来，母亲告诉我那些我们所拥有的被子都是由一些特别的人、那些家族成员和朋友们制作的。她说在家庭聚会期间陈列被子，那么当人们看到被子时，不仅会惊叹被子的美丽，更会永远记住那些制作它的人，这样制作它的人也成为庆祝活动的一份子。

她告诉我拍照并不是纪念的唯一形式，被子也是。当有一天我与世长辞之后，被子依然会留在家中陈列着吧！所以我也会被以这样的方式铭记的。

摄影：萨姆·墨菲

▶▶ 创造一条真正的夏威夷被子

时间：9~12个月　难度：中等

1. 创造出你的图案

1a. 将你的图纸按照被子上的精确尺寸拼接并粘起来。

小贴士：设计的图案可以是你最喜欢的一种花，水果，一种传统，甚至是你想在夏威夷被子上记录的一个重大事件。

1b. 将粘好的纸折一折（对折3次），然后将你的设计画到折好的纸上。

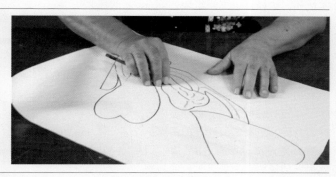

1c. 当你完全满意之后，剪下已经画好的设计图案并将你的"样板"放在一边。之后你将用这个图案剪裁布料。

小贴士：设计不要超出纸的边缘，为了下一步的镶边，在纸的边缘和你设计的图案中间留出4英寸的空隙，并且至少留出5列给缝被子用的面料。

2. 将接缝缝合

　　由于被子用超过45英寸宽的材料做成，你在剪出设计的图案之前必须将你的布料用1/4英寸的线缝起来。你需要重复做该步骤3次，分别为布料缝一次，背衬一次，被衬一次。那些要制作大号被子的人可以剪裁6码的布料作为被子的一半并将两块布料拼接在一起。这将会构成一个90英寸长、90英寸宽的正方形布料。

　　那些想做特大号被子的人就需要将9码的布料剪成3块108英寸长。从中间剪下一块，那么你就有了两块22英寸宽的布料。之后只要将22英寸的那块布料拼接到两块45英寸的布料中间，这就变成了一块112英寸长、112英寸宽的正方形布料，用来制作特大号的被子。

　　最后熨烫缝合处。

3. 固定设计好的图案

3a. 在布料拼接完之后，将它对折成一叠（就像你刚刚折纸那样）。确定将接缝露出来，并且保证布料的正面在里面。

3b. 将你折好的"样板"纸放到折好的布料的顶部并用针固定住。有些缝纫者喜欢将纸固定到图案下的实线处，这样可以更轻松地剪裁设计好的图案。

4. 剪出设计好的图案

将设计好的图案样板固定到布料上之后，剪出你设计好的图案。你将用剪刀穿过所有的8层纸，因此用一把锋利点的剪刀吧，此外别忘记剪下所有的实线。

小贴士： 有些缝纫习惯于将他们做被子用的材料放置到一块纸板上，这样他们就可以轻易地将纸板移到一个舒服的位置来剪出他们的图案。

5. 布置你的图案

5a. 在你的图案被完全剪下来后，你就可以去掉所有的大头针了，这时你可以准备将你的图案打开放到衬里织物上了。

5b. 将图案从1/8大小打开到1/4的大小。并且将其放到衬里织物的中间。从中心点开始向外侧放置图案。

5c. 当图片的1/4放置好之后就可以开始将布料打开到一半大小了。

5d. 从图案的一半开始，完全展开图案并开始固定它。记住先固定图案的中心部分，再固定图案的边角，小心地用大头针固定并抚平布料上的褶皱。在图案边界点用大头针定住。

小贴士：确定将你的布料展开之后每处接缝没有空隙。布料的接缝要对准衬里织物（即图上背景的红布）的接缝处。

6. 粗缝图案

6a. 当图案完全展开并固定好之后，从图案的边角开始，粗略地将图案缝制到衬料上。这将帮助你在之后的针织缝饰过程中更好地缝纫。从图案中开始缝纫并缝完它。

6b. 当图案被粗缝到衬里织物上后，拿掉所有的大头针。

7. 将图案镶花

7a. 用针将你未经加工的图案从边角的粗缝线下挑起大约1英寸。在卷起的尚未加工过的边角间和上下两块布料之间进行缝合。你的线现在应该在上层布料有褶皱的边角上面了。

7b. 用小号缝针缓慢地从底层布料向上层缝。捏紧你的针，别松手，将你的针指向紧挨着有褶皱的边角下层布料并将你的针穿过底部的布料，然后将你的针从底部布料穿回到有褶皱的上层布料的边角，在离上一针大约1英寸处将针和线穿出来。现在的状况应该是：在缝饰图案的表面上的缝线是直的，而在背面的则是略有歪曲倾斜的。

7c. 继续该步骤直至图案被用这种复杂的缝纫方式完全缝合到底衬上，完成之后，将粗缝的线拆去。

小贴士：你每一次缝合都将卷起你的设计4~6英寸，缝纫，做褶皱等，直到你的图案完全缝好。

8. 加入棉絮

有时候对于如此之大的被子来说，棉絮会显得太小了。如果你遇到这种情况，那你可以用与缝布料相同的办法把棉絮嵌进去。用锁缝的方法将棉絮一排一排地缝到一块儿，注意不要将棉絮叠起来。

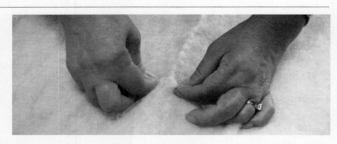

9. 缝制被子之前的准备

9a. 将你制作完成的顶层图案放置到棉絮和底层图案上。粗略地将3层缝起来。

9b. 从中间开始向外侧将被子呈网格状粗缝。每一个网格之间留出一道大约两只手宽的距离。缝被子之前的准备工作就完成了。

10. 缝制被子

10a. 将你的一只手放到缝纫裙撑下，用你的食指或者中指在你将缝纫的地方支起一座"小山"。底部的这只手和手指的作用是阻止针过快地从被子的背面穿出来。而你在上面的另一只手则将缝制这条被子。

在你上面那只手的食指上套上一个顶针（嵌环）。用拇指和中指拿住针，将套着顶针的食指放到针上。你只需要用三个手指缝纫。将你的手腕放到缝纫裙撑的顶部并用你的手指缝针。

小贴士： 夏威夷被子经常使用缝纫裙撑或者其他支撑物来制作。当你使用裙撑的时候，要注意检查被子的背面是否光滑，并理顺布料，这是为了防止被子的背面起褶皱。

10b. 将针放在最后一针粗缝线的前面并缓缓地将针穿过两层布料和一层棉絮。当针一碰到底部的手指，就可以让那些除了套着顶针的手指之外的所有拿针的手指放开针。用套着顶针的手指不断摇动针直到针几乎水平，即呈横着的状态，接下来再将针缓缓地穿回到被子的顶部。当针从底部穿出来的时候将你上面那只手的拇指放在针的前面来帮助缝合口尽量变小。

小贴士： 永远从被子的中央开始缝。记住，找准地方，摇动拇指，穿线，并且永远别让你底部手指撑起的那座"小山"掉下来。

10c. 当你完成了被子中央的缝纫后就可以将工作的重点转到分支部分的缝纫了。

10d. 当你将分支部分缝完之后，试着缝出凹槽。你可以在图案外作为背景的布料上紧挨着图案缝纫。记住用与缝纫图案相同颜色的线缝纫。

10e. 你现在已经将你的图案和被子缝出了凹槽，可以开始再缝一下外边了。用你的手指做指引，沿着图案向它的外边缝纫。缝纫的线之间的间距不应小于你的小指的宽度，并不能大于你食指的宽度，间距应为大约1/2英寸。你可以选择与图案相同颜色的线去缝出一个阴影效果，当然你也可以用与背景布料相同颜色的线缝纫。

小贴士：当你在缝纫图案的时候，你可能想给你的图案确定一个明确的风格，比如将你的图案做成花或者沿着图案缝出一些波浪状的涟漪来复制传统的图案。

　　自从茜茜的外曾祖母在一个世纪前开始缝纫之后，缝纫就成了茜茜整个家族不可或缺的一部分。茜茜的父亲约翰·塞劳在家族的生意中负责设计图案，他明白一条被子的每一个部分的意义和重要性。比如被子的中心就像人的肚脐眼，我们从中获得爱和怜悯。

小贴士：记住被子的背面要缝得和正面一样好看，不要留出线结。所有的线结都要藏到棉絮里。

11. 将被子扎起来

　　被子做完之后别忘了把你的被子扎好。扎成圆形，正方形或者斜着扎起来，全凭你的心意。在你把边饰什么的都弄好之后，按照夏威夷的传统你还需要做一件事来完成你的夏威夷被子，那就是和你的被子睡一晚，将你的爱和精神注入被子中。

完成 X

用印制电路板制作迷你橱柜

安德鲁·阿盖尔

回收利用旧的电路板制作一个储物箱。

▶▶ 在这个消费至上的社会，大多数老旧的、过时的东西都会被扔掉。但是许多这样被丢掉的东西，都有一种内在的隐藏着的美可以被一种新的形式赋予新生。废旧的或是闲置的电路板就在此之列。

前几年高科技泡沫破裂的一个后果就是有成千上万尚未使用过的电路板到现在还静静地躺在工厂的仓库里，等待着它们的新生。我们这个项目是利用回收来的旧电路板制作一个有两个抽屉并加薄片镶饰的储物柜。电路板的铜制线路看起来非常像金属的岩画雕刻，使这个柜子在任何一个现代的起居室或者办公室里看起来都很棒！根据柜子大小的不同，你可以在里面放置重要文件、信笺、钢笔、铅笔或者唱片。

»德国的艺术家克斯汀·舒尔茨用铅笔制作艺术家具，例如上图的铅笔桌子。
craftzine.com/go/pencil

»在1976年的愚人节，苹果公司首次公开了苹果一代——史上第一台单元电路板电脑。
en.wikipedia.org/wiki/Apple_I

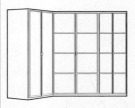

»苏黎世的研究人员正在开发一台可以塞到家具缺口里的电脑，让手工制作家具变得更容易，有八种方法制作一个宜家的衣柜。
craftzine.com/go/ikea

安德鲁·阿盖尔是一名作家和发明家，他通常在自己的车库里做些发明创造。有时候他会将自己的创作放到他的个人网站(glowingtech.com)上。他和他的妻子、养女安吉以及两只猫一起住在非常偏远的郊区。

摄影：马丁·布鲁姆菲尔德 插图：蒂姆·利利斯

项目：用印制电路板制作迷你橱柜

你所需要的工具和材料

[A]印制电路板

[B]2英尺宽、4英尺长、11.5mm厚的波罗的海桦木夹板（不是1/2英寸厚）。

[C]小条的枫木或者其他坚硬的木材，用作把手或者长条状物体。

[D]木胶

[E]喷射聚酯

[F]小木头螺钉（1/2英寸或更小)或者树脂胶水

[G]长度为1/4英寸的小合板钉

[H]10英寸台锯或水冷式的金刚石锯（用来切割瓷砖）

[I]刨槽机。用来包围接合处

[J]钻孔机

[K]打磨机

[L]各种磨砂纸

[M]螺丝钳、锤子和其他各种工具

摄影：顶部图片：萨姆·墨菲　底部图片：马丁·布鲁姆姆菲尔德

制作一个高科技台式组合抽屉储物柜

时间：**3天**　难度：**中等**

1. 计划并设计你的柜子

1a. 选择你的电路板。也许你从第一眼看，所有的电路板看起来都差不多，然而诀窍就在于要将它们想象成没有绿色涂层（那层焊接部分）的电路板。最好看的电路板应该是那些有最多镀铜部分的电路板。为了知道去掉涂层后的电路板看起来是什么样子的，你可以轻轻打磨掉绿色的保护层并看看所有的电路板。右图就是我为这个项目选择的电路板。

小贴士：那些没有任何部件嵌入的电路板可以比较轻松地拿来制作柜子，并且能轻易的用台锯切割。大一点儿的电路板更好用，需要较少的准备工作。

1b. 电路板的大小直接决定了柜子的大小。测量电路板的尺寸，我选择的是11英寸厚、123英寸长的电路板。

1c. 决定你柜子里抽屉的数量，这取决于你的需求和喜好。我选择的电路板的大小比较适合制作两个抽屉的柜子。

1d. 选择你制作柜子的材料。柜子可以用任何一种木料做成，从实心的木头到中等密度的纤维板（MDF）都可以用来制作柜子。我选择的是波罗的海桦木夹板，这种实心桦木夹板用起来非常简单，并且可以在那些非常薄的地方避免产生真空层（这代表着它可以轻易地被打磨并且有着非常好看平滑的表层）。桦木夹板是一种使用起来非常棒的材料，用它制作的柜子会非常的沉重，因此它会比一般木料制作的柜子更加坚固耐用。

2. 制作柜子

2a. 用你的锯子将木料切成6块，两块侧边的板，顶部、底部、背部各1块板，以及1块将两个抽屉分开的板。再说一遍，这些切开的木板的大小要与你选择的电路板的大小一样。

2b.用同一种方式将各块木板坚固地拼装起来。我建议采用重叠接搭的方法（如图所示），该方法可以让你涂上更多的胶水，并且在结合处可以给你的木板提供更多的支撑。如果木块仅仅是被搭住并粘合起来的话（对接），结构就会非常脆弱，随着时间的推移，湿度的不断变化，结合处就会有要裂开的趋势。柜子会用电路板镶饰；因此结合处并不需要装饰，只需要坚固就可以了。用接搭的方法要先将木板中的一点放到刨槽机里，再调整一点木板的高度，显然刨槽机能将木头表面清理干净并做出凹槽。

3. 给柜子磨砂、着色

电路板布满了各种小洞和不规则的棱角，很重要的一点是你的眼睛有可能看不到电路板上的这些小东西。为了避免一些小失误，你要将整个柜子的外面涂成黑色。虽说任何黑色都可以使用，但我仍然建议你使用中国或者日本的书法墨水来着色。这种主要由碳做成的墨水不容易随着时间的流逝而褪色。你也可以购买墨水或者碳素石墨，这两种材料也非常适合上色。

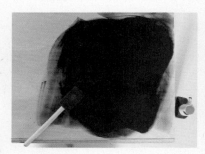

✿ **小贴士**：要让颜色"比黑色更黑"，最好将你的硬块碳素石墨弄成豌豆般大小并放置到灌水的密封玻璃容器里放置6个月。它和水的混合物会形成一种类似凝胶的东西，你可以稀释它让它成为你任何深浅的黑色。墨水的主要成分是水，粘了任何一种胶水之后就不会渗入到木头里了。要完成整个步骤需要先打磨木头，之后再上色。记住，上色的时候任何的触碰都会使它掉色。

4. 制作抽屉

首先制作每个抽屉都要切下5块木头，侧边两块，底部一块，背面一块以及正面一块（如右图所示）。

抽屉要做得与柜子里的槽相称，不要太紧也不要太松。如果太紧了，那么当湿度变化的时候，木头膨胀之后抽屉就会卡住。反之如果太松了，抽屉就会摇晃不定。要制作一个完美的尺寸，你可以按照下页的A图和B图的描述尺寸来切割木材。

理论上数学可以解决一切问题，然而在实际操作中，我用一把尺子来测量后发现拇指对于尺子的影响大约会有1/4英寸，因此每一边都要减去1/4英寸。我测量了柜子的背面到正面长度然后减去1/4英寸。这比做数学题要容易多了，实际上用这种方法最后测量出来的数据非常精确。

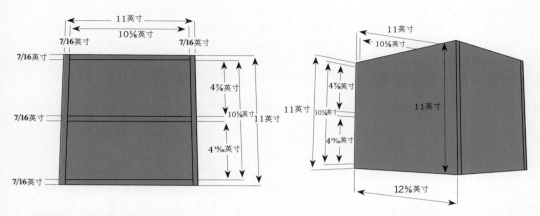

A 抽屉正面的精确尺寸应为10⅛英寸长、4⅞英寸高，经过计算之后比较合适的尺寸应为9⅞英寸长。这样就给抽屉的两边各留出了1英寸的空间。抽屉的厚度则取决于抽屉的用途，但至少应该有2~3英寸，因此抽屉正面的尺寸大约是9⅞英寸长、2½英寸厚。

B 抽屉的深度大约等于12⅝英寸－7/16英寸－⅛英寸－附加因素（柜子的厚度，柜子背面的厚度以及电路板的厚度），最后计算的结果大约是12⁵⁄₁₆英寸。

5. 做出柜子的骨架

　　现在柜子的表面依然有裸露在外的桦木，要先用一些其他的木材贴面，以便于装上电路板。为了加强坚韧程度和牢固程度，选择轻且坚实的木头，枫木就是一个不错的选择。将木料切成条状贴合裸露在外的桦木上，之后如右图所示，用木胶将木条粘到桦木上。

6. 为柜子的顶部和两边切割出电路板

　　像你刚刚切割木材那样，用一台正规的台锯切割电路板。你需要切割五块用来覆盖顶部、前方和其他三个部分。

✻ **小贴士**：安全第一！在切割和打磨电路板的时候要格外小心！一定要戴上护目镜和防护面具！

注意：需要戴着护目镜和防护面具。切割电路板是因为电路板跟木材不同，电路板有可能会造成危险的事故。由于电路板的厚度关系，当你使用台锯切割电路板的时候，会有电路板片很容易飞溅到你的脸上。电路板中还有一些潜在的危险材料，例如小铜粒以及玻璃纤维，它们都会构成不安全的因素。更老一点的电路板甚至可能含有铅（一种有毒的物质）。

7. 打磨并给电路板抛光

电路板上的铜质纹路让电路板看起来很漂亮。你可以像打磨木材那样打磨电路板，先用最粗糙的磨砂纸，最后用最细的磨砂纸，磨掉那些小颗粒，而打磨电路板也是一个需要多个步骤的程序。有些电路板的涂料可以轻易地被打磨掉，而有些电路板的表面则覆盖着一层非常牢固的材料，很难打磨掉。铜制的部分并不厚，每次打磨掉一些就给它们抛光一下。用力过猛或者使用重型工具都有可能失去最美丽的铜质纹路，所以在打磨抛光的过程中用力尽量轻一点。

7a.先用最粗糙的磨砂纸（60号）打磨电路板的表面。

7b.继续打磨，如果你以把它打磨得像绸缎那样作为目标，就需要逐渐地将砂纸替换成150号，当然你也可以将它打磨得粗糙一点。

7c.如果你想要表面打磨得像镜子那样，继续替换砂纸（400~1000号），这些工作需要手工完成。

7d.给电路板上一层干净的保护涂层（喷射聚酯）。在喷射之前确保电路板表面的灰尘和污垢都已经清理干净，这点非常重要。

7e.在温暖通风的地方将电路板晒干。

✳ **小贴士：**记住铜会很快地吸附灰尘，当你打磨完成之后立刻涂上保护层。

8. 将你的电路板安装到柜子上

用螺钉或者胶水将电路板粘到柜子上去。如果你想使用螺钉，尽量使用小木钉将抛光过的电路板固定到柜子的边上。通常电路板上会有各种大小的洞。将小木钉钉到这些小洞里，紧紧地把电路板和柜子钉到一起。

如果你想用胶水把电路板粘到柜子上的话，先在电路板上涂上胶水，最适合这个项目的是以聚酯为主要原料的胶水。在胶合完毕之后还可以用小木钉加固。

9. 给抽屉制作把手

抽屉的把手可以使你的柜子更美观实用。我使用了与制作木条相同的枫木材料制作抽屉把手。

将枫木切成条状，再将木条用打磨机打磨出把手的形状，再用手工打磨。不要想着将把手做得太完美；我的想法是将那些精美的电路板纹路与简捷的手工制作的抽屉把手形成强烈对比。在每个把手的腹部钻一个1/4英寸的小孔，打进去一半左右就可以了。

10. 制作抽屉的正面

10a. 仔细测量供抽屉放进柜子的开口的尺寸。在电路上开两个口子，之后在每个电路板的正面中央小心地钻两个1/4英寸的小孔。用钳子将电路板放到抽屉的正面并钻一个洞；重复这个步骤制作另外一块电路板，最后用胶水将电路板粘到抽屉正面。

10b. 用一个1/4英寸的合板钉将抽屉和把手连起来。你需要在连接之前先在合板钉和小洞里上沾上一点胶水。之后将把手通过合板钉粘到抽屉上。

✹ **小贴士**：为了让抽屉更容易拉出来，将把手放置到抽屉中间偏下一点。

11. 欣赏你的手工艺成品

现代设备几乎都是由粗糙的电路板驱动的。而电路板本身的美丽与典雅却被人们遗忘、忽略。我们现在用一种实用的方式展现了它的这一特点。现在是时候装满你的柜子了！

完成 ✕

波西米亚风格的凉鞋

克里斯汀娜·平托

编织一双你自己的时尚复古凉鞋。

这种引人注目的凉鞋结合了住宅区的别致和商业区的风格。我就把它叫作"周末拖鞋",你可以在周末编织并在周一把它丢给修鞋匠。那你下个周末就可以穿着它去农场主的集市或者去赴晚宴。这双鞋子由竹子、绸料以及金属制成,成品鞋十分舒适、有品位而且适用于多种场合。

如果你曾经自己制作过皮带的话,你现在可以尝试一下制作你自己的凉鞋,并把它们交给鞋匠。大多数的缝纫商店也会告诉你某某自己制作完成了一双鞋子。鞋匠可以让你比在缝纫精品店花费得更少,并且与他们合作也是一件非常有意思的事情。

» 美国国家美式橄榄球大联盟的橄榄球运动员罗塞·格里曾经写过一本关于经典复古的手工制作书籍,1973年出版的《罗塞格里尔的男士针织》。
craftzine.com/go/rosey

» 波西米亚的亚文化群曾在20世纪60~70年代风靡旧金山的海特-阿什伯利地区。
en.wikipedia.org/wiki/
Haight-Ashbury

» 在许多早期文明中,拖鞋都是鞋类的起源,包括巴比伦文明、希腊文明和罗马文明。
podiatry.curtin.edu.au/
sandal.html

克里斯汀娜·平托是一名心理学教师、材料艺术者、长跑爱好者以及一位母亲。她从事针织行业已经12年了,她在美国刺绣协会的工匠大师项目里持续提高着她的针织水平,你可以在flickr.com/photos/threadgatherer/sets/433121网址浏览她的项目。

摄影:美科·阿塞略斯 插图:蒂姆·利利斯

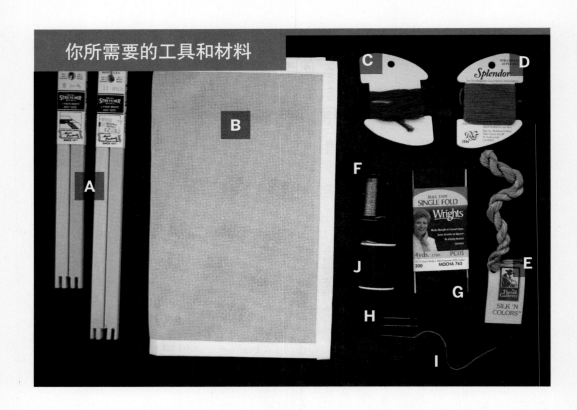

你所需要的工具和材料

[A]2根9英寸×11英寸的画布框榫头

[B]一块9英寸宽、11英寸长的布

[C]一卷M822深棕色的中国丝棉线

[D]一卷S979绿绸线

[E]一束柔软的蓝色006色带，用来聚合线头。

[F]10米金属橙色27号丝线轴

[G]棕色缝纫用线／斜裁带，至少1.5英寸宽，用来编织背面

[H]编织。用针22号或24号

[I]缝纫用针

[J]棕色的锁线钉或者锁线机器（任选）

线的颜色

■ =深竹树皮色[G]

■ =雪松绿色[D]

■ =金属橙色[F]

■ =风暴天空蓝色[E]

如果你对项目中用到的各种线感兴趣，可以去下面的链接看看：

中国的深竹树皮色丝线：craftzine.com/go/bark

灿烂的雪松绿线：craftzine.com/go/cedar

克拉尼克的金属橙色线：craftzine.com/go/orange

风暴天空蓝色的丝带：craftzine.com/go/stormy

摄影：萨姆·墨菲

编织一双适用于所有场合独一无二的鞋子

时间：1周　难度：中等

1. 确定鞋子上带子的长度

想办法测量你鞋子上拱起带子的部分（你脚的宽度到小脚趾下大约两英寸的地方），以此决定每一根带子的长度。再加上1.5英寸，这样你的鞋匠就有足够充裕的空间将带子牢固的粘到鞋底了。之后再测量另一根需要穿过你大拇脚趾的带子的长度，在测量完的长度上再加上一点。用一根线来辅助测量会很有效果，当你量好正确的长度后，将它剪下来。别忘了给长的那根带子加上1.5英寸，并给穿过大脚趾的带子多加1英寸，在你编织完之后要是发现它和你脚的尺寸对不上就完了！

2. 确定布料的大体框架

在你的画布框榫头上构建出布料的大致轮廓，用图钉将帆布固定好。开始时不需要先将带子放到布料上，只需保持缝合，直到你设计好的长度。但是你要给你的4块帆布预留出空间，这样你就可以有充分的空间将它们都编织上去。所有的带子都是按从左到右这样的顺序制作。

3. 计划缝线

做鞋子的带子用了四种颜色的诺维奇编织法，它被16针覆盖并给每条带子中的正方形编织出一条单线。如果你测量的长度不能在每根带子中放下一组完整的正方形，不要尝试去编织不完整的正方形以填满它，这样做不管用。你需要用斜向平行针脚去填满整条带子（详见步骤8的图解）。在鞋子完成之后，这些斜向平行针脚会被埋到鞋底。记住计划好，每个纵列的斜向平行针脚的最后都应该有一个相符的数字号码。

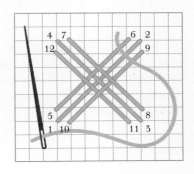

当你完工之后，你会得到一个类似插图中的带子上的图形。注意这些正方形是由诺维奇编织法编织而成的。

4. 在带子上编织正方形

编织在带子上的每一个正方形都要先从中央编织一个大的交叉十字，然后再沿着正方形的对角线用三股雪松绿色的线编织一次，看右边的表格，它显示了四色诺维奇编织法被16针覆盖的图例。当前两针显示出来之后，就更容易在没有线表示它们的时候抓住编织的位置和顺序，只要跟着数字走就可以了。

在帆布上的每次编织的开始都是以奇数号码开始并以偶数号码结束。举个例子，你用针开始刺入第一针的时候号码为1，穿出的时候则为2，再次穿入的时候为3，穿出的时候是4，如此下去。号码的颜色与鞋子上显示的布料色彩相符合。

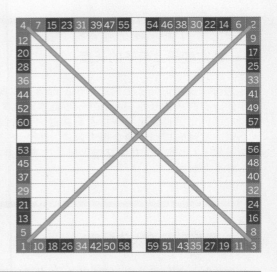

5. 换不同颜色的线

当你完成第12针的时候，将线的颜色从绿色变为棕色，在将针刺入29号洞之前，将颜色换成金属橙。你只要织不了几针之后就需要将颜色转换为蓝色，从37号洞开始编织，最后将颜色变回棕色（最后一次）。将最后一针（59~60号）滑到57~58号的下面，这样就完成了整个外观的编织。

将正方形用线编到16格的帆布之后，在每个正方形的每边的中央都会留有一个洞，但如果你使用三股线编织的话，那么线就会充分地将洞覆盖帆布，使那些洞看不出来。事实上，你可以自由地选择各种颜色代替我所选的颜色，你也可以重新安排针织的顺序。

注意：每个诺维奇正方形在你编织完成之前都有许多纵列的帆布洞。换句话说，当你完成第一个正方形之后，你需要将你的线倒退到洞3，并开始编织下一个正方形。

这点也同样适用于制作脚趾上的带子。当你每次用棕色织完每个正方形的时候别忘了将你的颜色换回绿色（制作脚趾上的带子时）。

❋ 小贴士：确定你开始将针刺入的时候都是奇数号码，并以偶数号码结束。

6. 编织脚趾上的带子

脚趾上的那根带子也是用诺维奇编织法编织的，但只有超过8针覆盖的帆布。看右边的表格。这一次颜色的顺序是绿色、棕色和蓝色。颜色的变化就像在表格里表示的那样。你给每根带子都织完正方形之后，用橙色线在每个正方形间的空出的洞中打一个法式线结。不要将线结留在带子的尾部，这样做会让你的第二个脚趾非常不好受，并且鞋匠也难以将它粘到鞋底。

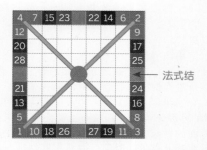

← 法式结

7. 打一个法式线结

打一个法式线结需要将你的针穿过两个诺维奇正方形中间的空出的洞。用你的拇指握住线，然后用橙色的线在针上绕三圈。然后抓紧缠绕在针上的线，不要让线滑落，轻轻地从同一个洞的背面嵌入你的针，小心仔细地握住缠绕在针上的线，直到线全部穿过帆布中间的洞并拉紧它。这样就会在帆布的顶部打出一个法式线结（详见右边的插图）。对于脚趾上的带子来说，如果你发现带子的长度不足以放下一组完整的诺维奇正方形，那就使用相等的纵列号码的斜向平行针脚（见下图的斜向平行针脚的图解）缝合，或者在每根带子的尾端调整带子以获得你计划好的长度。

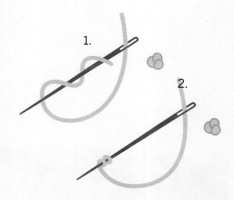

1.

2.

8. 增加一条斜向平行针脚的拓宽列

你现在有四束线，用斜向平行针脚沿着顶部和底部的边缘，用深竹树皮色的线再缝合一列，以此将暴露出来的帆布遮盖。用右图作为参考去缝制这种简单的斜向平行针脚。

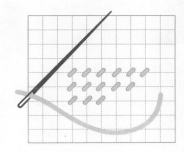

9. 给背衬装上假缝胶带（斜裁带）

你需要在带子的背面贴上一块布料，这样那块未经加工过的帆布才不会伤到你的脚，并且让它们看起来更加专业，手工制作又非常精细，不像自己制作的带子，就像我母亲说得那样。假缝胶带（或者斜裁带）可以在任何一个缝纫商店买到，非常好用，但是价格也不菲。你也可以使用超麂皮，一种更轻柔的材料。要让你做背衬的颜色与斜向平行针脚的颜色相契合，我选择的是棕色的。在缝纫背面的时候一定要用非常牢固的线，对折穿过你的针之后缝纫，你肯定不希望你的线在缝合的时候断掉了。

9a. 将每一条带子都从布上剪下来，并且在边缘留出小于1/4英寸的未加工过的帆布。缝纫带子背面的时候，你将用到一种叫作暗缝的技巧来缝边。这个过程很有可能要比用针绣花边那个阶段要花上更长的时间，并且有些枯燥乏味。当然缝纫商店有这项付费业务，不过你也可以选择自己制作。你要沿着每根带子的长边缝纫背衬。你也可以使用缝纫机缝纫每根带子的一角，但是另一个角就需要手工制作了。

9b. 在你剪出你的带子之后，剪出适当长度和宽度的斜裁带。斜裁带的长度取决于你带子的长度，当然，脚趾带子的背衬宽度应该是2.5厘米，而另一根带子则要3厘米宽。在你剪出4根条状物体后，将每根斜裁带都熨烫平整。然后再沿着它的长边折入6毫米并熨烫平整。在这个时候你只需要在每根带子上进行一次此步骤（不需要在两边重复此步骤）。

手工缝边：如果你选择不用缝纫机编织带子的边角和背面，并决定手工缝制，沿着带子的一角将你的斜裁带折好的边排到一列斜向平行针脚上。斜裁带平整的部分将会在你的针绣花边边角的对面，而它的边线则会与你的诺维奇方块排成一列。

用穿上两股棕色线的针穿过边线的角，并在边线处进行缝合，每针不要超过4毫米，之后将针穿回到斜裁带的边线，然后再穿上来，这次在斜向平行针脚和诺维奇方块间的小洞中进行缝合。在边上继续用4毫米的间隔缝纫，将线穿到一个斜向平行针脚和诺维奇方块间小洞下，你的下一针还会在斜裁带的边缘。继续这样沿着带子的边缝纫，在制作其他带子的时候重复该步骤。该过程不会花费太久的时间，但是非常值得，因为缝纫完之后的带子会有一个非常清爽的边线。

摄影：克里斯汀娜·平托

9c. 在带子的边缘完成暗缝（这么称它是因为线都被藏起来了）之后，在余下的边缘继续折入6毫米，熨烫平整褶皱。像缝纫第一根带子那样沿着边缘缝纫，将斜裁带的边角对准平行斜织针脚的边。在带子的长边和斜裁带的边线交替着用针细缝。如果线之间的间隔太大，你就会注意到布料会凸起，并且显得很劣质。

用暗缝带子余下的边缘，重复这个步骤。进一步地了解关于暗缝的知识，请阅读若·伊波利托·克里斯坦森写的缝纫书。

完成后的脚背带子（左图），大脚趾带子（右图）

10. 将带子粘到鞋子上

如果你足够方便并且你的手上有足够的资源，你可以自己制作鞋底并将鞋子组合起来。

这里有一些有关的资源：制作罗马鞋的在线指导（craftzine.com/go/roman）；如何用废旧轮胎制作鞋底（hollowtop.com/sandals.htm）。另外一个很棒的资源是玛丽·威尔斯·卢米斯写的《制作你自己鞋子》的文章。

不过，我依然建议你与工匠合作，让鞋匠或者缝纫店制作你的鞋子，这样能够有效地延长此鞋子的寿命。

完成 X

>> 苏西·布莱特是一位业余的裙子制作者和一位专业的作家。她的博客：susiebright.com

最重要的工具

在各种缝纫器材中，没有比一把好用的大剪刀更重要的工具了。你可以随处找到线或者线团；你可以在以后的时间里不用机器进行手工缝合，但是你却不能用一把黄油刀或者用你那油腻腻的大拇指去精准地剪裁布料。

仅仅有一副完美的剪刀还不够，你需要一组（左手用剪子的人也是，这是理所应当的）。当涉及买剪刀的时候，似乎费用已经无关紧要了。如果钱不够，你还可以去卖血。开玩笑啦！想象一下，剪刀其实是"布料的杀手"。如果你不能剪出令自己满意的设计，那么你就可以跟你的缝纫生涯说再见了。大的、小的、锯齿状的、螺旋状的、带刺的剪刀，你甚至要将瑞士军刀放到你的装备库中了。

我当然不是在开瑞士军刀的玩笑。据我判断，在瑞士家庭中最必不可少的两样东西，就是缝纫机和瑞士军刀。在刚刚过去的一年中，他们刚刚举行了瑞士军刀111周年的纪念活动，并把它叫作"主妇的刀"。哈哈！这真是可以放到口袋里的一套完整的缝纫工具，它具有17种不同的工具，包括了一种特殊的旋转式的刀、锥子和测量工具。虽然这种工具绝对过不了机场的安全检查，可显然每个乘客还是会带上一个。

接下来你需要一块磨刀石，就像剪刀的爱人一样，它会在你的一生中保持剪刀的锋利。经常磨磨剪刀，将剪刀的生命交给它吧。有磨刀石和一支带着工具的旅行商队在一起吗？我希望我能碰到一支。

如何测试剪刀的性能呢？试试下面的办法：拿一块4层的布料，剪下去。口子应该是十分干净、清楚、笔直的，就像外科手术刀一样。剪刀拿在手上应该非常的舒适轻便，如果让你剪裁出灰姑娘的舞会袍子，你都不会感觉到手有被夹住的疼痛感。它也应该能够轻易地剪裁皮革，并且它必须有一个可以调节松紧的锁止螺母。

如果说一把钻石外形的剪刀是女孩儿最好的朋友，那么像哈利·温斯顿这样的裙子制作者的梦想就是金格尔牌的刀刃、剪刀和钳子（gingher.com）。

我的脖子上带着缝制8英寸的"小球"，"小球"代表即使是很钝的刀刃都能将其完美地切成薄片。也许金格尔最非凡的地方就在于他们提供了终身维护，并且他们会将刀刃在寿命期限里调整到最好的状态，你只需要花上7.5美元并给他们位于北卡罗来纳州的格林斯博罗的技师发邮件就可以了。

我曾经采访过这个国家最好的时尚学院的缝纫教师和很多消费者。他们中的每一个都会递出一把金格尔的剪刀，这是他们数十年的宝贵珍藏品。每隔数年技师都会来做常规的调整。

无论你是一位优雅的女士或者满嘴脏话的修理工，你都会渴望要一把能在剪裁时让你歌唱的剪刀。虽然机械化生产已经取代了许多非常出色的手工技术，但是如果仔细寻找，你也可以找到一把刻着你名字的闪闪发光的剪刀。✖

疯狂的冬菇茶

将冬菇茶菌冲泡的茶水加入菌种后发酵。

阿尔文·奥莱理

冬菇茶正在逐渐变成一种新的饮品。这种发酵过的冬菇茶菌已经如此流行，以至于一些品牌已经提高了它在商店的售价。我第一次阅读维基百科冬菇茶菌的词条（英文版维基）一共分为三个部分。我曾听说过冬菇茶菌是如何被栽培出来的，在一个像橡胶煎饼的地方，有着被叫作"母体"、"蘑菇"和一个"发起者"的地方，最精确的说法是它是在细菌和酵母共生的一个环境下被培育出来的。不管这些东西是什么，冬菇茶菌都是从千年之前的中国和数世纪之前的东欧的发酵技术发展而来。它对各个种族的健康都有益，茶中含有各种维生素、矿物质、酶和益生菌。我其实喜欢它，只是因为它的味道非常棒（甜甜酸酸的像打泡苹果汁）。

摄影：阿尔文·奥莱理

所需材料

» 广口玻璃罐
» 冬菇茶菌种
» 红茶或绿茶包（5~7包）
» 水（2.8~3.8升）
» 糖（1杯，红糖或白糖）
» 干净的餐巾或茶巾
» 橡胶带或者弦
» 漏斗
» 旧的、干净的矿泉水瓶

1. 获得冬菇茶菌种

你可以在网上买到冬菇茶菌的菌种，但貌似从你的朋友或者邻居那儿更容易拿到冬菇茶菌种（试试上这个网站craigslist.org或者在你所在地的绿色食品商店购买）。我甚至在俄罗斯的跳蚤市场里见过有人卖冬菇茶菌种（见上图）。由于菌种母体可以再生，所以一个就足以让你使用一辈子。好啦，你马上就可以让大家知道你会培养出独一无二的冬菇茶菌了！

2. 按照常规程序泡茶并加工

泡一壶2.8~3.8升的茶（如果你有散茶你可以用几片纸片和弦将它们制作成茶包），然后使它的温度降低到室温。拿走茶包并加入糖。如果太甜了你也不用担心，菌种是靠糖和咖啡因喂养的，因此最后的茶不会像你刚泡出来那么甜。

3. 加入冬菇茶菌种

如果你的菌种带有一点液体，那就将菌液倒入茶中，将带有甜味儿的茶倒入你的广口杯并加入菌种。如果它浮到顶部你就得再加一层，最后当你做完冬菇茶菌时，它能用作培育另一批冬菇茶菌。如果菌种沉到底部就非常完美了。一层新的冬菇茶菌会覆盖在茶的顶部。菌种的母体会不断成长直到你的广口杯的直径

那么大，因此你要保证广口足够宽，这样才能在制作完成之后轻易得将其取出。

4. 发酵并将其装瓶

用干净的毛巾覆盖你的广口盖子，并用橡胶带将瓶子周围的边框密封起来。将其在避免日光直射的地方保存7~14天。你放得时间越长它就会变得越酸。从第五或第六天开始你就可以开始尝尝它的味道了，当你觉得它对味了，就可以将它轻轻倒出，转移到塑料或者玻璃的矿泉水瓶里了。

5. 发酵起泡

要弄出点气泡，首先需要紧紧地盖住瓶盖并将其存放在一个温暖的地方数日或者直到塑料瓶在气压的作用下变硬变形。注意，当冬菇茶菌持续发酵，瓶子内部的压力就会不断增长，如果存放时间过长甚至会导致爆炸（如果用玻璃瓶的话该情况就更容易发生了）。如果你担心爆炸，可以将瓶口略微松开一点，但是这么做会阻止冬菇茶菌完全地发酵起泡。

6. 品茶，并制作更多的冬菇茶菌

永远留出液体的10%的空间给下一次冬菇茶菌的培育。这样你就可以再次开始培育冬菇茶菌！如果你希望能随时喝上冬菇茶菌的话，最好错开培育冬菇茶菌的时间。大多数专家警告大家不要喝太多冬菇茶菌，虽然它有解毒的功效，但是你肯定也不想弄垮你的身体。

注意：像所有的食物一样，在准备制作并储存冬菇茶菌的时候要格外小心。虽然我没有听说过有喝冬菇茶菌而得病的，但是理论上还是有可能的。当你准备制作的时候要确保每样东西都非常干净，当你摇晃瓶子的时候发现有发霉或者其他状况，就得重新制作冬菇茶菌了，确保安全第一（我只发生过一次这种状况，有可能是空气不流通或者开始的时候没有制作好）。但不要被它吓到了：我母亲都开始喝我制作的冬菇茶菌了，并且谷歌上说很多厨师都在自助餐厅添加了许多冬菇茶菌类饮品。

在线资源：
en.wikipedia.org/wiki/Kombucha
www.kombu.de
craftzine.com/go/kombucha

艾文·奥莱理是英文版《爱上手工》的一名编辑。

鸡蛋彩绘

它会带来健康、快乐和爱，自己制作一件幸运物吧！

苏珊·布拉克尼

摄影：萨姆·墨菲

其实你的冰箱里有个魔法物，或者说至少有魔法的要素。就在那里，橙子的后面，那里有一盒顶级的物品！（好吧，其实此刻它们只是鸡蛋而已，但是通过你的努力，它们会变得不只是鸡蛋这么简单哦！）经过我们的加工，它就会变成"乌克兰复活节鸡蛋"，而这种鸡蛋是具有魔法的哦！数千年以来，乌克兰人用各种各样的染料和蜂蜡小心地涂到鸡蛋上，将母鸡蛋制作成护身符。他们认为它会带来健康、财富、快乐、更多的孩子甚至爱情。也许你刚刚想用鸡蛋去做一个煎蛋卷，那么想想我的提议吧！

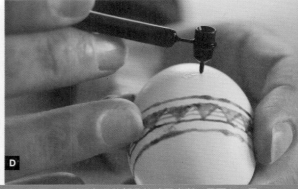

图A 虽然我们正在加热一支传统的基斯特卡斯笔，但是你也可以使用一支B5或者C6的鹅管笔的笔尖
图B 当你在用基斯特卡斯笔挖蜡的时候，不要挖太多，它可能会一次漏出很多蜡

图C和图D 对于有多种颜色的鸡蛋来说，需要上一圈蜡并上色。如果你没有传统的复活节颜料，也可以用编织物或者食物给你的作品上色。如果鸡蛋是生的话，在绘画之前用针戳一个洞，将蛋清和蛋黄流干净

所需材料

» **鸡蛋**，熟鸡蛋或者中空的鸡蛋，在室内常温下绘制。
» **基斯特卡斯笔**传统绘制鸡蛋的工具，有很多尺寸)或者蜡笔。
» **蜂蜡**
» **染料**
» **醋**
» **漆**
» **装染料和鸡蛋的碗**（图上未表示）

1.在报纸或油墨纸上练习，以此找到用蜂蜡绘画的感觉

在点亮的蜡烛上加热你的基斯特卡斯笔或者蜡笔，然后蘸一点蜂蜡。当然使用一支笔尖也可以，只是你需要经常蘸蜂蜡。

2. 画出最初的蜂蜡线

由于蜂蜡的高融点，当蜂蜡一涂上去，就会立马凝固并且不会留下污痕。这代表着蜂蜡会覆盖住鸡蛋的一部分，在你涂上染料后形成一层防腐蚀的涂层，并且最后会形成

一种蜡染效果。要做到最好，就要用醋取出蛋壳上的杂质，在你的手上涂上油可以防止染料涂到你的手上，最后洗干净手就可以了。

3. 用染料给鸡蛋着色

先用染料上最浅的颜色，在鸡蛋上慢慢地绘制直到颜色达到你的标准，让鸡蛋上的染料彻底风干。之后再上一层蜡的防腐蚀涂层并逐渐加深颜色。

4. 清洁并封好你的作品

当你制作完成的鸡蛋彻底风干之后，放到121℃的烤箱里，或者简单地把它放到蜡烛的火焰旁（不是直接放到火焰上），让蜡融化。当蜡开始融化时，用纸巾擦干净鸡蛋。最后用漆给你的艺术品穿上一件外套，这样一件熠熠生辉的艺术品就完成啦！

资源：
paulwirhun.com
theskullproject.com
ukrainiangiftshop.com

苏珊·M·布拉克尼是一个热心的手工业制作者，并且是《失去灵魂的伴侣》一书的作者。

冷冻纸模具

用冷冻纸专门为一件T恤定制一个模板，将图案印制在T恤上面。

利亚·克莱默

如果你像我一样是位80后，那你一定还记得我们是多么有感知力的人，在那样一个没有"银河信息高速路"的年代，也就是我们今天所知的"互联网"，在这个启明的时代开始之前，我们经历了许多麻烦和困难。我仍能清晰的回忆起，当年我用不透光胶布和织物涂料的粗劣技术，给我自己的几件T恤胡乱拼凑，缝上了我最爱的乐队，结果实在是粗制滥造。而现如今，你只需用上5分钟，便能用谷歌搜索出各种心灵手巧的人，与他们分享精湛的技术，也能让您创造出任何一种你喜欢的T恤图案。

　　我最爱的要数冷冻纸模板了。这种制作方法可以使您的设计图案牢固地被熨斗熨上T恤，并能确保模具的位置，涂料也不易渗透T恤布料。

摄影：萨姆·墨菲

所需材料

» 打印出的黑白图像
» 冷冻纸
» 自复切割垫
» X形刀
» 空白的T恤或者其他织物
» 熨斗
» 面料涂料或织物专用的丝印油墨
» 海绵画笔

1. 打印出图像

　　打印出选中的图案，不要有太多的微小细节。你可以使用任意一个图片处理程序抠图，从一张照片里提取出一个黑白的图案。基本上，你想拥有软件转换的照片，只有两种颜色，黑色和白色。

　　至于如何在Photoshop里处理照片，首先上传图片，单击"菜单"选项"图像"→"模式"→"索引颜色"，然后如下进行对话框中的设置，并单击OK。

　　调色板：本地（自适应）
　　颜色：2
　　强制：黑与白
　　透明度：未选中
　　抖动：无

　　如果要在Microsoft Paint中制图，那么将图像保存为单色位图。几乎每一个制图程序都可以完成此项工作，仅仅是所选中的菜单选项会有略微不同。

2. 裁剪冷冻纸

　　从冻结纸上裁剪出与打印图像的纸张相同大小的一张。把冷冻纸放在切割垫上，上了蜡的那一面朝下，然后把打印纸面朝上，放在冷冻纸上方。用几段胶带粘住，并保证打印面在冷冻纸上。

3. 将黑色区域裁剪出来

　　以打印纸为准，用X形小刀把图案中的黑色部分刻出来，刀同时穿过并刻透打印纸和冷冻纸。即使不慎误刻入一刀，也要尽量保证纸张的完整。若打印图像中有一些区域过于细腻、细节过多，难以精准地剪刻，那么您可以适当忽略它，并根据判断以一种更粗线条、更简单的方式来剪下这个区域。

4. 将纸熨上T恤

　　剪完之后，将打印纸抛开。那么现在您手里就有一张印有图像各部分的冷冻纸了。把它

成功将照片变为模板

增加对比度

　　高对比度的效果是最好的。理想状态下，你的照片应该一开始就是高对比度的，也就是说，有大片的浅光区域和大片暗光区域。如果不是这样的话，你可以使用制图软件提高图片的对比度。在Photoshop中，选择菜单"图像"→"调整"→"亮度/对比度"，然后将对比度滑块向右。

清除背景

　　尝试使用"套索工具"，裁剪掉照片的背景，这样主体图案就是唯一在照片里的东西了。

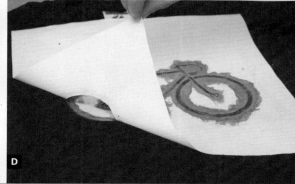

图A 剪出自行车座和框架是很容易的，我们已经决定简化车轮胎，忽略轮胎的辐条

图B 在把冷冻纸往T恤上熨烫时，一定要保持熨斗设置在一个低档的状态

图C 当往模板上涂料时，务必确保不要一次涂太多，否则可能最终会把T恤弄糟

图D 待涂料完全晾干之后，小心地将冷冻纸剥离开

放在您的T恤上，蜡面朝下，并用熨斗轻轻熨它。这冷冻纸就会粘在T恤上了。

5. 把黑色部分剥离开，再次熨烫

小心剥离出与图案中黑色部分对应的剪开部分。然后把剩下的冷冻纸用熨斗再熨一遍，确保它能完好地粘在织物上。

6. 上颜料，在图案上涂擦

用海绵刷（有些海绵刷是蜡纸模具专用的）将织物涂料涂遍整个模具，确保盖住图案的线条。上涂料的时候，海绵刷会比鬃毛刷好用，因为鬃毛刷有可能会使颜料渗透到模板下。

7. 待涂料晾干，然后将模板剥离

关于织物涂料的说明书上可能写明您需要用"热设置"的熨斗了。如果是这样，请按照它的指示操作。

那么现在呢，你就已经掌握了制作私人定制T恤模板的办法啦！按照你的意愿，妆点你自己的T恤就是这么简单哦！

资源库：

>> "模板革命"：一个由模板爱好者组成的社区。这些人会分享他们的作品、制作技术以及图像文件。

stencilrevolution.com

>> 手工爱好者的模板论坛：
craftster.org/forum/index.
php?board=139.0

什么是冷冻纸？

冷冻纸是一种白色不透明的纸张，只有一面是上蜡的，要与双面都上蜡的蜡纸区分开（注意在这个手工项目中千万不能使用蜡纸）。你可以在超市买到，一般陈列在铝箔及保鲜膜货架附近。

利亚·克莱默幽默地称，她这些年吸入了过多的胶水，因为她无可救药地沉迷于各种睿智的、反讽的，甚至不敬的、另类的手工作品。她是craftster.org网站的创始人，是《手工指导——俏丽玲珑人见人爱》一书的作者。

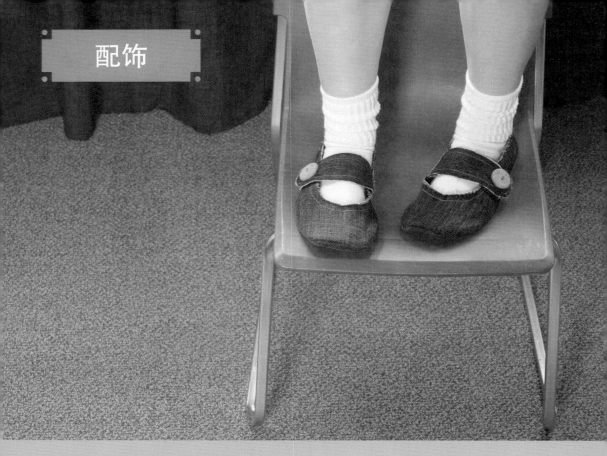

改造居家鞋

把废弃的牛仔布变成超级精致的居家鞋吧！

詹妮娜·沃恩

改 变用途是给祖母家居鞋的重新定义。您早就不想再看见那一堆毫无生气的过时牛仔裤摆在橱柜地板上了吧？那么，把这些废弃的牛仔布变成精致无比的居家鞋，重新找回你对衣橱的掌控感吧！顺便加入到回收再利用的队伍中吧！

以下的步骤说明提供了三种女士型号：小号（5~6）、中号（7~8）、大号（9~10）。如果码数与大号相符的话，那么再用来做小号便会余出很多废料。在你开始埋头动手操作之前，请务必完整地读完所有提示和步骤说明，并谨遵指导。确保精确地裁剪出布料，这一点十分重要，而顺从织物上的纹路则次之。因为在最后完成时，角度大小上的一些细微差别都可能导致您的便鞋过大或者过小。

摄影：迈科·阿奎勒斯

用料：

» **旧牛仔裤（1条或2条）**
牛仔裤的褪色程度和颜色深浅是没有关系的。在这个手工制作中，牛仔裤的大小和鞋子的尺码决定了你需要的牛仔裤的数量。比如说，我曾用了一条半6号码的裤子做了一双中等大小的居家鞋，而且我仅使用了裤腿部分。那么这样一来，剩余的部分便是一条俏皮活泼的超短迷你牛仔裤。你可以同时穿上它和你新做好的便鞋，走出门，去取一趟你的早报，看看效果如何吧。

» **23厘米的废布料**，用作鞋底的里衬和搭扣部分。

» **23厘米的轻便的接口**。这样有利于将鞋底变得更加耐穿牢固。

» **高模的棉絮**

» **重型缝纫机**

» **缝纫针**

» **筷子**，用于使鞋底成型。

» **一络筒撞色线**

» **旧纽扣（2枚）**，被缝在盖布上。

» **1/2英寸×1/2英寸尼龙拉带（2条）**，我用的是胶粘的

1. 调整图案

图案（网址：craftzine.com/02/wear_slippers）的调整很简单，仅需要在复印机上把尺寸扩大为所需的大小。

2. 拆解牛仔裤

从牛仔裤的脚踝开口处内侧开始剪，剪至裤裆处。刀口直接盖过外侧的接缝处，再剪至裤腿外侧的开口处。这样就一共在牛仔裤上剪四道。这样剪完之后，你拿到手的便是平坦的布料块儿了，这样也就便于之后的处理了。

3. 裁剪出牛仔布鞋底

将鞋底的模型平放在牛仔布上，并用别针别住。然后依照模型剪出两块左脚的形状。然后把鞋底模型翻过来，同样铺平在牛仔布上，用别针别住，以同样的方式剪出两块右脚鞋底。

4. 裁剪出鞋底里衬

将鞋底模型以同样方式平铺在废布料上，同时别在废料上，照模型剪出左脚形状，作为鞋底里衬；把鞋底模型翻过来，以同样方式剪出右脚里衬。记得给搭扣部分留出剩余布料。

5. 裁剪出鞋底棉絮

同样用鞋底模型剪出高模的棉絮，两片，一左一右，但此时不需把鞋底模型翻面，因为棉絮两只脚都可适用。

6. 裁剪好鞋底接口

和上边一样，将鞋底模型放好，别住。剪法与鞋底棉絮一样，不需将模板翻面，但需剪出4块。

7. 裁剪出鞋面

用剩下的牛仔布料，对折出与鞋面模板相适应的大小。铺平并用别针别住鞋面模板，然后依模板裁剪。照此步骤再重复三遍。这样就有了4块鞋面布料了。

8. 裁剪出鞋搭扣

用两块牛仔布料，平铺并别上搭扣模板，裁剪出两片鞋搭扣布料来。

9. 叠加成完整的鞋底

在布料剪裁完之后，现在就可以来做一个"鞋底三明治"了。下面便是如何叠加完成一个里外干净利索的鞋底的小把戏了。

a.先拿出你之前做好的两片轻型接口布料，一片给左脚，一片给右脚，放在最底层。（见图A）

b.然后取出棉絮层，放一片在左脚面上（就是之前放好接口布料的），另一片放在右脚。您应继续往上叠加，做出一个"三明治"那样的效果。（见图A）

c.把剩下的两片接口布料也分别摆在左右

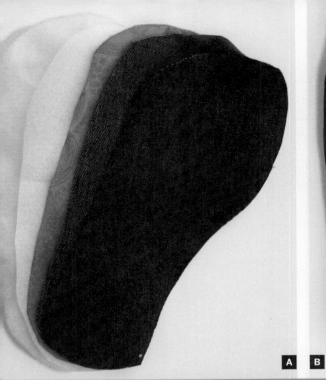

A

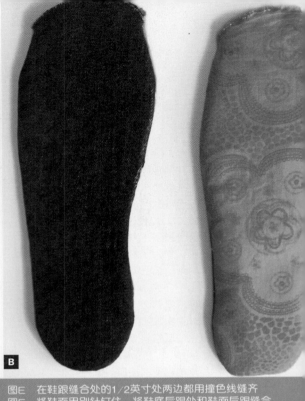

B

图A　用五层不同的鞋底面料做成一个"三明治"
图B　用筷子来平整鞋后跟和边缘，以便边缘平滑
图C　缝上鞋搭扣时注意区分左右脚的方向
图D　在鞋跟上方缝出一个浅浅的弧线

图E　在鞋跟缝合处的1／2英寸处两边都用撞色线缝齐
图F　将鞋面用别针钉住，将鞋底后跟处和鞋面后跟缝合
图G　把纽扣放在一小块儿布料的中央，然后手工用长针脚
　　　缝一个比纽扣大1英寸的圆圈

C

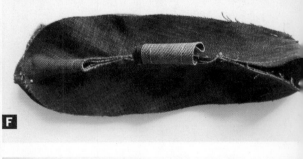

F

D

E

G

两个"三明治"上。（见图A）

d.放上鞋底布料，左右分别叠加。

e.把两块牛仔布鞋底布料反铺在左右两个"三明治"面上。剩下的牛仔布鞋底也重复同样的步骤。

f.确认你使用的是重型缝纫机，不能用普通缝纫机线。把"三明治"的前端轻轻放在针脚之下（大致在从顶端中央往下1英寸处），从它前端脚趾处的外缘开始，然后沿着边缘缝一圈接口，直到从另一面到达前端脚趾处。缝纫时请务必要慢，这样最后就不会有方形的小边角了，线条也会比较柔和。

g.对另一只"三明治"也做同样的操作。

h.两只鞋底都完成之后，将鞋面层（也就是废旧布料部分）和外层鞋底层（牛仔布层）分开，把里面部分整个外翻。翻好之后，用筷子把鞋底的后跟部分和边缘挑平，以使边缘平滑完整。对另一只鞋底也做相同的操作。（见图B）

i.脚趾前端的边缘不需要缝合。

10. 缝好搭扣

用撞色线来缝您的针脚，直至需要的长度，每一个搭扣都按1/4英寸长度沿边缘缝。缝完后放在一边备用。

11. 缝好鞋面

a.把先前剪好的鞋面布料两片互相叠起来，另外两片也如此，两两分开。布料两头相接，由鞋搭扣放置在其夹层之间的方向来区分鞋子的左右脚。见图C，图C中的是右脚。搭扣的另一端应垂搭在鞋面之外。

b.用撞色线将之前未处理边缘的1/4英寸处缝合，记住务必要慢慢缝合，才能保持平滑均匀的线条。对另一只鞋也做相同处理。

c.把鞋面折叠，将鞋后跟边缘缝合。从鞋跟底部开始1英寸处，缝出一条略微弯曲的线，直至鞋跟顶部。对另一只鞋同样处理（见图D）。

d.把缝合接口处用熨斗熨平，用撞色线在缝合处两边1/2英寸处都缝上线。这样能加固鞋后跟，并且能使整只鞋子的形状保持更加立体的状态。

12. 整合在一起

a.把两边的鞋面的里面翻出，然后对折。用两根针把鞋面别住，一前一后。这样一来，就把鞋面的开口合上了（见图F）。这样，把鞋底和鞋面缝接起来的工作就会变得非常容易了。

b.两只鞋面都被针别住以后，把鞋面的后跟放在鞋底后跟之上。把后跟的外侧边也用别针别上，再把前端脚趾处同样别上别针。这样，鞋面就能自然地落在鞋底之上了。对另一对鞋面和鞋底也做相同的处理。（见图F）

c.从距鞋底已缝合的边缘1英寸处开始缝线。对另一只也重复相同的步骤。

d.把鞋子的右边里面翻出来，哇！你的居家鞋已经成型，就快完成了！

13. 缝上扣子

在此处缝上扣子的方法也是一种回收废旧或不好看纽扣的简便方式。

a.挑选出你要使用纽扣的大小。把它放在一小块儿废旧布料的中央，然后手工用长针脚在它的外围缝出一个比纽扣大1英寸左右的圆圈（见图G）。

b.拽住线的一头，把线拉紧，直到布料包裹在纽扣的周围。

c.把线穿过纽扣眼儿，先按绕圈方式缝，然后再按X形方式缝一道。最后把线打好结再剪掉。对另一只纽扣也重复相同的操作。

14. 完成啦！

在鞋搭扣上缝上做好的纽扣。将尼龙拉带的一端固定在搭扣上，把你的脚放进便鞋穿上，以调节搭扣的松紧程度，然后按照最佳角度固定尼龙拉带的另一端。另一只鞋的步骤同上。

你现在已经可以把这双做好的新便鞋穿出去炫耀啦！敬请享受吧！

✚ 布料的模板：请登录craftzine.com/02/wear_slippers

詹妮娜·沃恩是一名现代吉卜赛人。她总是肩负着寻找发现一切令人视觉愉悦的事物的使命。目前，她住在艾丽兹，亚利桑那州凤凰城。她的作品可以在olilodesigns.etsy.com网站上找到。

摄影：贾妮娜·沃恩

别样耳坠

两对几乎零成本的闪耀耳坠。

凯西·卡诺·穆瑞罗

囊中羞涩绝对是你不制作首饰的借口。任何有光滑平整表面的东西都可以拿来用。香烟盒、薄荷罐头、旧手提箱、空啤酒瓶、火柴纸夹等，数不胜数呢。

举例来说，我下面要给大家介绍的就是一些高品质低成本的点子，可以用来提亮装饰你的耳垂。这两种首饰设计的优势不仅在于几乎不需要额外花销，而且在于这种设计除了做耳环之外，还可以做耳坠、手镯和戒指。其中用到的第一个理念就是把废弃的饼干纸盒作为手工罐头的替代品，而另一个点子则是把水彩纸作为手工材料。开动你的脑筋，一定还能想到很多别的好点子。卡片材料、硬纸板，甚至废纸，都可以加工变成精致好看的首饰呢。

摄影：萨姆·墨菲

7. 用细线刷勾出图案的轮廓，再撒上小亮片做点缀。

8. 最后加上耳坠钩。

用料：

>> 废弃的饼干纸盒（可以是中间镂空的那种）
>> 指甲锉或者砂纸
>> 圆珠笔
>> 杂志
>> 西班牙小说漫画封面或者自选漫画封面
>> 小的铁皮剪
>> 白色手工胶水
>> 纸釉
>> 小的打孔器
>> 鱼钩状的耳环线（耳坠钩）
>> 细线刷
>> 小亮片

用料：

>> 卡片纸
>> 水彩纸
>> 各色的腈纶颜料
>> 各色的刷子
>> 水基光泽清漆
>> 鱼钩状耳环线（耳坠钩）
>> 剪刀
>> 强力胶

拉丁爱人风情锡片耳坠

1. 把小说漫画封面缩小至25%比例，再做两张彩色复印件，放在一边备用。

2. 把饼干纸盒的中心剪出来，外缘丢弃。

3. 用锡纸剪出一个形状，把这个形状作为两只耳坠的模板。我做的这一对是2英寸×1英寸的波浪边缘的矩形。把刀口的边缘用指甲锉刀打磨。

4. 把锡纸片放在杂志面上（比杂志封面再坚硬的材质表面可不行），然后用力向下压，用笔在镂空处沿边缘划入锡片。如果你有压花工具，你也可以用上压花工具来做这个设计。

5. 用打孔器在两只耳环的上端都打上孔。

6. 用白色手工胶水把漫画封面的图片粘在两只耳环的中心上。用纸釉分别盖住，待其稳住再松手。

水彩纸耳坠

1. 用卡片纸剪出一些小形状，比如矩形、圆形或者方形。这些就会是之后用到的耳坠模板。

2. 按照剪好的模板形状用水彩纸剪出一对形状来，比如方形或者矩形等。

3. 在这对水彩纸上用腈纶颜料作为底层涂料，然后晾干。

4. 把这些不同形状的水彩纸叠放在一起，设计出形状。用强力胶把它们粘在一起。

5. 涂上一层清漆，晾干。

6. 在顶端戳一个洞，安上耳坠钩。

>> 变化：彩色纸片上也可以用上你喜爱的图案。

凯西·卡诺·穆瑞罗是craftychica.com网站的创始人，也是《心灵手巧女孩的灵魂：闪光点子体谅你的生活》一书的作者。

茶蜡灯笼

落日后的柔和照明，纤维玻璃罩的茶蜡灯笼。

罗斯·沃尔

最近我的一个朋友给家里的屋顶做了一个重新装修，他的核心创意是一个透明的波浪形的屋顶，阳光照射下来经过折射后会让人心旷神怡。受到这位朋友的启发，我决定自己摸索制作一些日落后的照明设备，由茶蜡照明装饰的灯笼。

波浪形屋顶的用材有各种颜色和样式可供使用，而且整块的8英寸规格的木料（普通牌子普通质地的）在我当地的木材厂也就卖到23美元的价格，这些材料完全够做10个灯笼了。我那好心的朋友用来做房顶的材料是纤维玻璃增强的塑料（玻璃钢），能把光线折射成闪亮的光晕圈。在兴奋狂热地用所剩的废料做了一些实验之后，我最终成功地完成了在这里展示的压制的灯笼。

提醒你，在以下的步骤中，你务必小心操作，当心不要弄裂了塑料，这种材料是比较易碎的。

摄影：罗斯·奥尔

用料:

- ›› **波浪形塑料薄板**，9.5英寸/26英寸宽，应该有10个波浪肋拱
- ›› **3/4英寸的方形木棍，松木的或者其他硬木材质的**（每个灯笼用到3英尺）
- ›› **电镀钢丝线**（任何用途的都行，12标准直径的，每个灯笼用到42英寸）
- ›› **8号菌头螺钉**（3/4英寸长，每个灯笼需6颗）
- ›› **轻规格的金属板**
- ›› **透明胶带或者1/4英寸的热缩管**
- ›› **茶蜡**
- ›› **手锯**
- ›› **120号砂的粗砂纸**
- ›› **铁皮剪**
- ›› **钢丝钳**或者带切口的钳子
- ›› **钻孔机**（1英寸口径）
- ›› **十字形螺丝起子**
- ›› **美工刀**

1. 裁剪出波浪塑料薄板的大小

标记出9.5英寸的条状波浪形塑料薄板，并裁剪，波浪方向垂直剪裁。对于这种材料来说锯子会略微过于锋利了，容易弄坏材料，而用铁皮剪则是最好的选择。

2. 截出木材支架

截出三节12英寸长的木头垂直支架。用砂纸打磨边缘，用120粗砂纸打磨出锐利的四个角。从木支架的两端丈量出2英寸的长度，再在这两个位置用钻孔机打通两个比你使用的钢丝线直径略大的孔。

3. 依照长度剪出钢丝线

从卷筒上展开解下几英尺的钢丝线，在剪断之前先仔细地把钢丝线弄直。剪出两条21英寸的长度。把钢丝线穿过其中一个直木支架，保证孔两边的钢丝线一样长。然后将木支架两边的钢丝线都向上弯曲，形成一个60°的V字形。

4. 串连起木支架

继续用钢丝线穿过另一个木支架的两个孔。把木支架滑动靠近，把距离调整到其间钢丝线长度为5.75英寸。务必确保两个木支架之间的距离是相等的，然后把木支架拧过来，同时调整钢丝线的角度，最后也形成一个V字形。

对第三个木支架重复相同的操作。最后你应该做成一个三角形的框架，剩余的钢丝线顺成一线，有1.5英寸长度是重合的。可能刚开始框架会被弄弯，需要你用手来回拧一拧、扭一扭，把框架调整成匀称竖直的形状。暂时先把钢丝线多出来的部分搁置在一边。

5. 粘上波浪形塑料薄板

把塑料薄板弯曲成一个管状，第一个波浪处和最后一个波浪重合。由于材质比较坚硬，所以它很有可能会弹回原来的形状，请你务必当心。这个时候你可能需要另一个人来帮忙了，使用包装用的宽胶带或者弹簧夹，让这个塑料薄板在下一个步骤中保持这个形状不会弹开。

把刚才上一步做好的木头钢丝框架慢慢滑入这个塑料薄板的管状之中，保证其中一个木支架在塑料薄板的接口重叠处。确保木头支架的每个末端超出塑料模板外缘的高度是一样的。调整塑料薄板的波纹接口重叠处，从顶端到底端都是到恰好熨帖的位置，然后把塑料薄板和木头紧紧按压在一起固定。

把钻孔机的口径调整到比螺丝线略宽，在塑料薄板上距边缘2英寸处打孔（不要钻入木支架）。把螺丝钉拧入木头，但注意不要太紧——当螺丝钉头和塑料薄板压在一起的时候，就可以停止拧螺丝钉了。检查确保另两个木支架都与波浪条一样是竖直的，然后继续打好剩下的两个孔，拧上其余两个螺丝钉。

6. 处理钢丝线末端

现在你可以把重叠的钢丝线合在一起了。用透明胶带把它们裹起来，这个方法是可行的，但是，为了外观更加美观整洁，我使用的是1/4英寸的热缩管。（热缩管是一种特别神奇的手工材料，电子产品供应商处都可以买到，把它放在火焰上加热时，它会遇热缩小至其原始直径的一半。）

7. 做一个烛台

为了给蜡烛制作一个平台挡板，我从一块

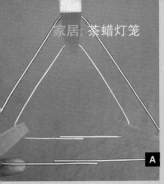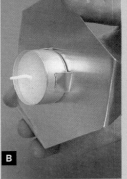

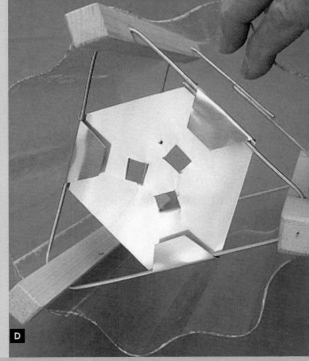

家居：茶蜡灯笼

A B C D

图A 弯曲钢丝线，两个木支架之间的距离为5.75英寸。调整弯曲的地方，直到三角形的每条边都是笔直的
图B 把烛台挡板上的小方块儿剪开并掰弯竖起，以此来固定茶蜡

图C 用胶带或者找别人帮忙保持塑料薄板圈起不弹开，紧紧按住重叠部分，然后钻孔并钉上两颗螺丝钉
图D 把挡板的三角圈起包住支架，收尾

薄铝板上剪下来一个三角形，当然咖啡罐的顶部那块材料也同样可以用来做挡板。在铝板中央大致描绘出蜡烛的轮廓，在这个圈子里标出三个矩形的小方块儿。用锋利的手工刀戳穿这个金属片，沿三个小方块的三边切割开，然后把小方块折起来。

确定小方块儿能够恰好紧紧卡住茶蜡的边缘，即使整个灯笼倾斜，也能紧紧卡住。因为波浪形塑料薄板若直接接触火焰很有可能会着火（气味也十分难闻！），所以为了安全起见，务必不要省略这一步骤。

8. 安上烛台

在铝挡板的背面标记出钢丝线的位置。用一只直尺把这三角向下折弯。把挡板架在钢丝线上放好，然后继续把角折进去包裹住钢丝线以固定位置。

9. 尽情享受温馨的烛光吧

把灯笼翻回来，正面竖直朝上放好，把你的蜡烛小心地放置进去。大功告成！尽情享受温馨的烛光吧！

罗斯·沃尔住在安阿伯（美国密歇根州）。

小贴士：裁剪塑料薄板会留下参差不齐的边缘，应该用砂纸轻轻打磨至手感光滑为止。

» 在钻螺丝钉孔的时候，如果没有人在旁边帮你的话，那么在你钻孔和拧螺丝钉的时候，应尝试用膝盖夹住木头支架的两端。还有一种办法是，从边缘裁一块与木支架同样长度的废料，穿过整个框架支撑住它的两端，以此来支持这项工作的完成。

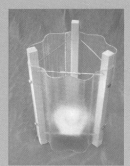

连帧动作照片

用电脑把照片处理成连续动态效果。

保瑞克·卡拉番

普通的一张照片只能捕捉一瞬间，那么制作能表达出更多东西的照片将会是一件很有意义的事情。无论是婴儿蹒跚学步时迈出的第一步，还是奥林匹克体操员翻的一个筋斗，一系列正在进行的过程其实是能通过一幅静态的照片表达出来的。

多幅照片的连帧也是微速延时摄影照片的一种形式。传统意义上的延时摄影拍摄出来的应该是一段视频。但是在这里，我们是把每一帧的照片往上叠加，那么能够让读者在脑海中再现整个动作过程。可是这种照片接续的技术只能够用于在静态背景中移动的物体。比如在一场演出中一只小狗表演了一系列的把戏，这是可以使用接续技术的；但是一名直接冲向摄像机的赛跑者，则无法用这项技术完成。

而被拍摄的主体范围很广，正在飞行的小鸟，或者滑雪者的一跃，你所需要的只是一台有动作序列（连拍）模式的照相机，一台电脑和你乐意尝试试验的耐心。

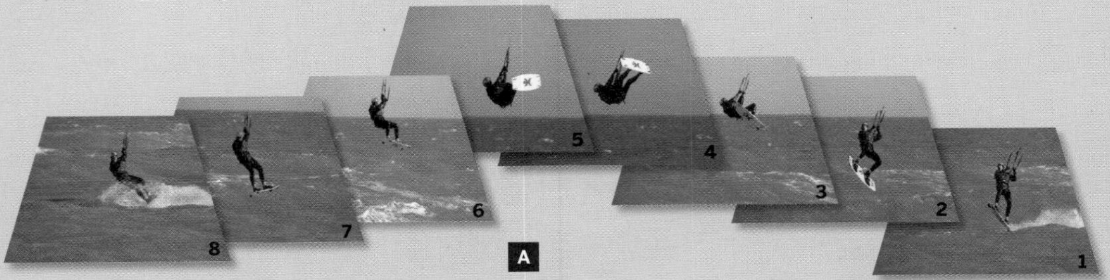

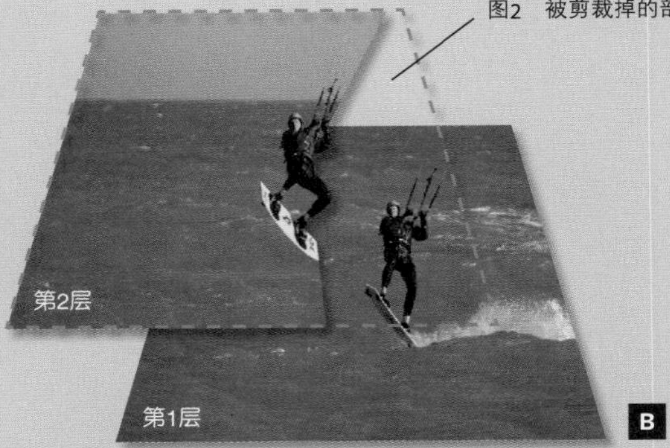

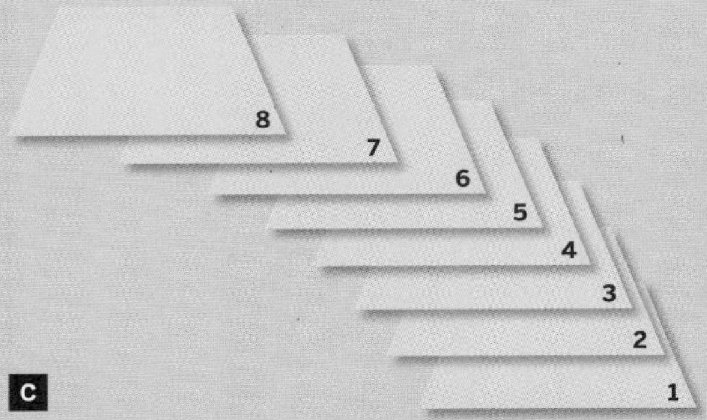

图2　被剪裁掉的部分

第2层

第1层

A　**B**　**C**

1. 设置你的画布背景，排列好照片

　　首先你需要选择一个能够处理多图层的制图程序，如果你有绘图板的话就更容易操作了。鼠标操作也是可以的，只是会略微有点笨拙。

　　创建你的画布背景，你的照片将要放在画布背景之上，它的高度为照片的两倍，宽度等于所有照片拼接起来的长度。

　　比如，如果你准备了三张照片的话，每张都是（800×600）像素的，那么背景就应该是（2400×1200）像素的。把照片放在背景之上，给每一张照片添加一个图层。图1放在第一层，图2放在第二层，依此类推。

　　如果拍照者在这一连串的动作中移动了照相机，那么你就需要把背景调整排齐。我当时是用海平面作为垂直方向的准线，而把冲浪者的位置作为水平准线。由于海水波浪是一直在动的，因此在图与图之间我没有找到其他的参照物。

　　首先从排列图1和图2开始，把其他照片先都设置成"不可见"，然后把图2设置成50%透明度。然后调整图2的位置，调好之后取消透明度。按照同样的方法，把图3也设置为50%透明度盖在图2之上，来调整图3位置。依此类推。

2. 编辑图片

　　现在最有意思的部分开始了。也就是这个步骤中需要用到绘图板和绘图笔。与前一排列步骤相似，把图2设置成50%~80%透明度（不需调整图1），然后把剩下其他图片都设置为100%透明度或者"不可见"或"关"。

　　尽量把它编辑得像一段楼梯一样，第一级台阶在底部，第二级则坐落在第一级之上，第三级在第二级之上。把第二级中所有与第一级重叠的部分裁剪掉。如果不小心裁剪过多，那么就能看见最底层的部分，就是那个背景图层。

3. 小贴士

　　拍照片的时候，应当捕捉更多的背景，而不仅仅是关注物体。把相机快门速度和光圈的自动属性全部关闭，所有的照片都应该有相同的亮度和对比度。当然也应该熟悉电脑中编辑图片的取消属性的操作。祝你好运！

郜瑞克·卡拉番（pauric.net）是一名用户端设计师。他致力于通过简化的照片和图像来表达传递复杂的信息。

毛绒沙拉

把毛织品塑造成毡制的蔬菜水果形状或者一切可以想象到的物品。

布鲁克林·莫瑞斯

摄影：赛耶·阿利森·高迪

手工再利用制品中有一个不同寻常的案例，就是针刺制毡法。针刺制毡法是一种使用钩针来给毛织品塑形的一种制法。这种特制的钩针已被用于手工艺领域，而其原先是用于工业和汽车机械。针刺制毡机能够装下25万根针，用来生产制造气囊、燃油滤器和无纺室内装饰品。在20世纪80年代，手工艺者开始手工地使用这种针法来制作工艺品。作为一种材料，粗梳毛絮可以被塑造成任意一种形状。无穷无尽的种类及颜色的羊毛都可以用来做花儿、恐龙、小猫、小狗、机器人、首饰或者任意雕塑。原材料价格低廉，而制作工艺也简单又有趣。

关于书中每一种玲珑的小水果和小蔬菜的规格和制法小贴士，请登录网站：craftzine.com/02/needle_felt

用料：

扁平又略微坚固的泡沫塑料板，用作工作台，在其表面操作。

横截面为三角形或者星形的制毡针，表面有锐利的倒钩，不同规格大小的针一套。但是绝大部分的制作应该只会用到一枚针，专业的制毡者也许会需要用到不同型号和形状的针。

粗梳毛絮一般来说，粗纤维的毛絮应该会比光滑的更容易制毡。制毡针的作用能制出非常密实的材料，比如用手抓两大把的粗梳羊毛能压缩成1美元大小的一朵小花儿。

原料来源：
1.回收再利用！用一块儿旧海绵，或者从你用来做操作台的泡沫塑料的边角料上取下一块儿来。一把鬃毛仍旧挺立的旧硬鬃毛刷子也能用来做工具。找一只绵羊来剪毛，然后用梳棉机梳毛并用植物染料或者给羊毛染色。至于钩针的话，大多数情况下是购买新的。

2.买一个小工具箱。很多工具箱中都几乎会有你做第一个项目时需要用到的所有东西。

注意：千万当心不要弄伤。在行针的时候，手指很有可能会被刺破或戳伤，一定要慢，务必要当心。

1. 收集羊毛，开始缝一边

把羊毛收集在一起，用两个指头夹住。用毛毡针穿过羊毛絮。如果你有多个不同型号的毛毡针，那么从最小规格的开始用（也就是型号大小最大的那支）。

羊毛很容易就能在某一点之下压实。只需轻轻的外部压力，便会给这些纤维带来缠在一起所需的摩擦力。钩针应当插入羊毛1/4~1/2英寸处的位置。不能直接用力按下穿到泡沫塑料上。来回穿针多次，用不了几下，这团原本没有形状的毛絮就会出现一个大致的形状了。

2. 塑形时，注意背面和侧面

为了使你的小物件更加完善，应把其轻轻拿起在另一面行针。如果羊毛纤维开始往泡沫塑料里面嵌入，就将其轻轻拉出来。屡次转动圆形的小物件。目测出它的中心，用钩针扎几下就转动毛毡，以此来调整大小和形状。

3. 让羊毛形成棱边和曲线

羊毛会跟着不同方向针的压力而发生变化。调整针进入羊毛的角度，能使毛毡团形成棱边和曲线。任何错误都可以通过增加羊毛和针钩次数来弥补。通过这种方式也可以增加新颜色的羊毛。一直使用针和手指来重复这样的调整工作，直到达到所需的密度即可。

4. 把多个部分合在一起

当制作有多个部分组成的物件时，那么先保持即将粘合的部位相对粗糙蓬乱一些。然后继续用钩针把各部分合在一起，确保针上的钩同时缠住两个部分的羊毛纤维。为了避免混乱，应当使用力道大但次数少的针法。在把不同颜色和部分合起来的步骤中，大规格星形的钩针会更加实用。

5. 美化

整个形状一旦完成之后，其他的小细节和颜色都可以很方便地添加上去了。这些由纤维组成的小毡团可以很容易地缝上小珠子、小亮片或者刺绣线。

布鲁克林·莫瑞斯同你一样是个普通人，她喜欢玩呼啦圈、用长冲浪板冲浪和插花术。她优秀的丈夫奈特充分发挥了自己的摄影技术，使她的作品看起来都非常唯美。

摄影：赛郎·阿利森·高迪（本页）；奈特·威尔素恩·埃克素恩（下一页）

玩具：水果沙拉

图A 这枚针是三棱面形的，沿其边缘有锐利的倒钩
图B 先把羊毛聚拢成团，大致形状与最终需要塑造的形状类似

图C 将其从蓬松轻软状态变成密实坚硬状态，毛絮的变化是很快的
图D 轻轻地、一点点地把嵌在泡沫塑料里的羊毛纤维扯出来

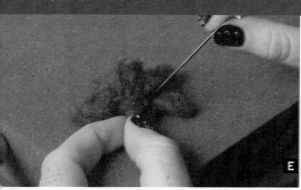

图E 用手指把羊毛团捏住捻搓出棱角边缘，用手指捻搓的同时，沿着同一个边缘上使用钩针，这样能很好地界定出细节
图F 要给水果"撒"上籽儿，用一丁点儿羊毛纤维就好。一点点就能做很多个籽儿

图G 再给物体表面加颜色的时候，行针时务必要轻轻触碰。星形的针是个不错的选择
图H 不同的组成部分可以很容易地拼在一起，尤其是接合的边缘被留的比较粗糙，还未被仔细压实。用针稳稳刺穿两个部分的中心处。完成啦！

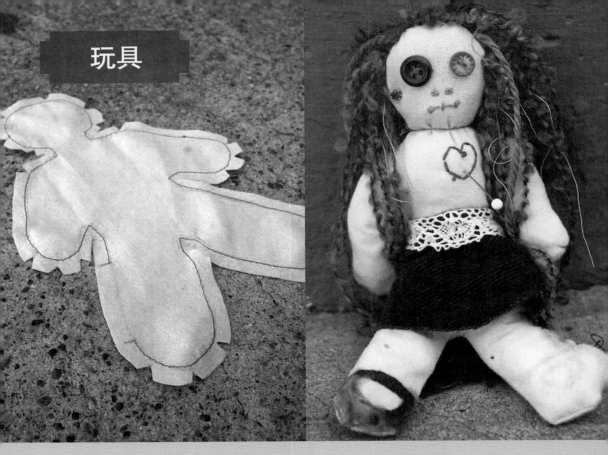

巫毒娃娃针垫

用这怪异恐怖的针垫来锻炼你的机智吧，同时让你的针更锋利。

凯西·多尔蒂

弄丢了针可是一件危险的事情，尤其是对于与你同在做手工的那间屋子的人来说。尽管很多人奢侈地拥有一间独立的手工间，可我却不喜欢赶这样的潮流。幸运的是，到目前为止我还没有过"弄丢针"事件，把这种困扰带给其他人，但是我也不能否认确实出现过一些类似的情况。过时的西红柿或者草莓已经令我厌烦了，于是我决定尝试一下巫毒娃娃针垫。巫毒娃娃针垫与西红柿和草莓的不同之处在于，它能把废布料利用起来，其钢丝绒填充物还能让针保持尖锐，最重要的是还能保护你和你家人的皮肤哦。

摄影：凯西·多尔蒂

用各种不同的线，营造出一种很有喜感的乱乱的观感。然后绣出一个爱心的形状，这样你就知道到时候要把针往哪儿放了。

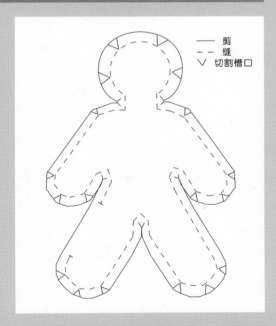

— 剪
- - 缝
∨ 切割槽口

这是我用的图案，很简单，但是也很合适这个手工制作。想要下载PDF格式的文件请登录：craftzine.com/02/needle_voodoo。

用料：

» 小块废布料，用作填充物
» 大块废布料，用作布娃娃的表面
» 一团核桃大小的上好钢丝绒
» 针和线
» 剪刀（必备）
» 标记用具
» 纱线、布头、纽扣等，用来装饰娃娃，给娃娃做衣服。

1. 剪出图案

把布娃娃的身体轮廓剪出来。你需要两块同样轮廓的布料，一片做娃娃的正面，另一片用作背面。图中的娃娃模板用的是一个胖胖的姜饼人。你可以使用图中的图案，也可以自己找。

2. 缝起来

把两块布料相叠对齐，正面（好的那一面）贴合在一起。从边缘往内的1/4英寸处上线，并在一条腿的外侧留一个1.5英寸长的开口，作为放置填充物的入口。剪去沿着曲线的凹口，防止起皱。

缝好之后，把里面翻出来，这样，缝过的边缘就会在里面，而好的布料那一面就在外面了。用一支铅笔或者一只钩花边的钩针，就可以把姜饼人不听话的手臂或者腿顺利地翻出来了。

3. 填充布娃娃

把钢丝绒紧紧地塞入布娃娃的脑袋。这一部分将用来磨针。姜饼人身体剩下的部分就用小块儿布头来填充。先填充四肢，最后填充躯干部分。填充完后用粗针缝合姜饼小人的开口处。留一些小疤在布娃娃上是没关系的，不用担心，毕竟这是一个巫毒娃娃嘛。

4. 大功告成

用线、纽扣、纱线和小布头来装饰你的布娃娃。头发部分，用针引线扎穿过布料，两面都留出"尾巴"来。把纱线与线垂直放置，重叠部分用线压住穿过布料。线的尾巴部分在纱线上打一个结。如果愿意的话可以整理一下。可别被你一流娃娃的发型吓住了，巫毒娃娃的发型就应该是有趣的。

凯西·多尔蒂还不知道长大以后想要干什么。她往返于编织项目和自学JavaScript客户端脚本语言之间。

口袋笔记本

制作属于你自己的钱包大小的笔记本吧。

凯西·多尔蒂

Moleskine笔记本在当代流行过一段时间，原因可想而知：它很小又十分便携，即使丢三落四的人也能通过它变得有条理起来。当然，几乎每一本Moleskine笔记本都是有着个性化的改造的。但是为什么要只依靠那几个小贴纸来改造呢，因为你自己就可以从头开始完成整个笔记本的制作！

把以下这些提示作为你制作自己的随身笔记本的初始步骤。潜在的改造材料无穷无尽，一支钢笔环儿、一个挂钩口袋、一个书签等，你可以发挥想象。除了这些为数众多的个性化选择以外，要改变封面之间的小册子也很容易操作，从而迎合你千变万化的风格上和功能上需求。

摄影：凯西·多尔蒂

图A 设计的可能性无极限。一块儿透明塑料能用作一个窗户小口袋，里面装上照片或者拼贴画，也可以起保护作用

图B 在塑料上作折痕的时候，要轻轻多次划过，避免直接被剪断

图C 把接口位置定位于正中央，光滑面朝下，放在布料的背面之上

材料：

>> 6.75英寸×5.25英寸的布料，用作笔记本封面外料。
>> 6.75英寸×5.25英寸的布料，用作笔记本封面里料。
>> 两块5英寸×2.75英寸的布料，用作口袋。
>> 两块6.25英寸×4.75英寸的布料，中等重量的易熔接口
>> 11.25英寸的斜纹带
>> 11.25英寸的橡皮线（松紧带）
>> 6.25英寸×4.74英寸的轻质透明塑料片（类似廉价的文件夹质地）或者麦片盒的加硬度的纸板。记住：塑料是可清洗的。
>> 大约6张信纸大小的纸张，颜色、质地等（自选）
>> 装饰用的任何材料
>> 剪刀
>> 针、线或者缝纫机
>> X-Acto刀（自选）
>> 熨斗

1. 熨平接口处

接口粘在布料的背面，用来使布料绷紧。因其可以防止起皱的特点，让笔记本更加耐用，也更方便装饰，把它的光滑面朝下，放在外布料和里布料的上面，熨烫使之粘合。

2. 准备小口袋

把斜纹带粘在两个口袋布料的一条长边上。粘斜纹带的时候，把口袋布料的毛边插入斜纹带的折缝中。沿斜纹带的底边缝线，从缝好的边缘往回少于1/4英寸处，这里将会变成口袋的顶部，或者说是口袋的开口处。

把口袋剩下的三面每一面都滚好边。用熨斗折边，并压住1/4英寸的边。然后把第一道折边卷起，再压下。这样毛边就被藏在布料的折缝中了。

3. 个性化装饰

任何一部分都可以按照你喜欢的样子来装饰，里层和外层的周边界留出1/4英寸来接缝。同时，请记住，口袋会盖住大部分的里层。

图D 口袋的开口朝向书脊方向，这样能更安全地装下你的卡和现金，不易漏出

图E 把毛边折进去，然后缝拢最后的接缝。如果需要

的话，用冷熨斗再次压折，确保不要把塑料烫熔了

图F 松紧带的余下部分可以用来夹紧收集当天的收据或者一些记下的电话号码纸条

4. 缝上口袋

把口袋放在内侧的正中央，四周留出1/4英寸的位置。摆正开口的方向，面朝中央。这样，两个口袋的开口之间的距离（在封面的书脊位置处）将近1.25英寸。沿口袋底边和两个侧边缝合，确保有卷进缝合口。

5. 缝在一起

把里料和外料中比较好的那一面放在一起。把两块布料按完全相同的方向调整好，这样，两块布料的顶部能相接。沿着一条短边和两条长边缝一个1/4英寸的折缝（紧挨着接口，而不是缝进接口里），留着另一条短边开着。把套筒里面外翻，这样好的那一面现在就在外面了。按压接缝处使其平整。

6. 插入塑料或者纸板

如果你用的是塑料，在中央做折痕，对截两条长边。这样就形成了两道可活动的书脊。再划出两道折痕，在之前两道折痕的两边分别1/4英寸处，用来容纳小册子的厚度。用纸板折出折痕会容易很多，而且不需要划开。把塑料或者纸板塞入之前做好的套子里。

7. 闭合开口处

在两边的开口处都折出一个1/4英寸的折缝，然后缝合。

8. 制作一个纸衬板

把信纸大小的纸四等分剪开。再把1/4份的纸对折，然后将短边接合。把这些纸都摞在一起，在书脊处下方1/4英寸处用针穿洞。用针引线穿过洞，把线打上结。这些书页就被很好地穿在了一起，但是如果需要的话也可以很容易地撕下。

9. 装好这本笔记本

把松紧带的两端合起并打一个锁缝结，做成一个闭合的圈。用松紧带固定小册子和封面。小册子可以很容易的替换，并且收据之类的东西或者其他重要的小纸条都可以夹在松紧带下保管。

凯西·多尔蒂仍然不确定长大后要做什么，因为她不愿意放弃她广泛兴趣中的任何一个。她自学编织项目和JavaScript客户端脚本语言。她有一只叫作"鞋子"的猫。

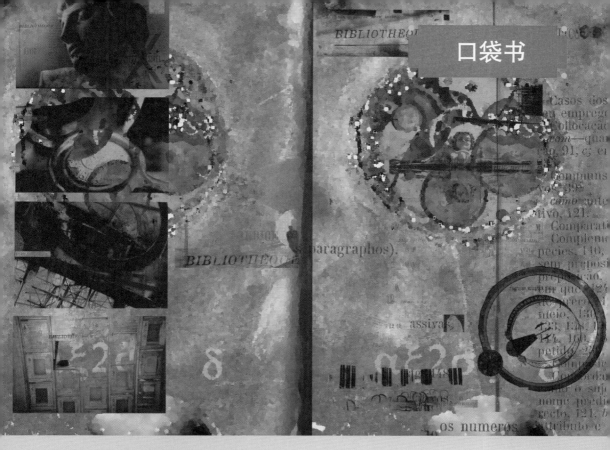

艺术笔记本

按照Moleskine笔记本的方式制作一本剪贴簿。

盖瑞思·布朗恩

摄影：保拉·卡托

几年前，我在电视上看过一个访谈节目，主人公是一位母亲，她的儿子是一名在非洲被暴徒杀害的青少年援助工作者。她在向公众宣传她儿子的日志。他同时也是一位出色的艺术家，曾经记过一本了不起的剪贴簿日记，每一页都有包含手写文字、手绘、拼贴画和即时的小收藏等各种各样的大杂烩。宝丽来照片，机票、公交车票的存根，葡萄酒标签，香烟盒，纸夹火柴盒，从报纸杂志上剪裁下来的文章和图片等，都出现在他的日记中。我被吸引住了。就在前不久，我在Flickr图片网站上做了一个以最风靡的那种日记本品牌"Moleskine"为关键词的搜索，发现了有很多类似的让人惊艳的日记本和剪贴簿，于是我决定出门去买了一本空白的Moleskine日记本，从此以后我便开始用钢笔、颜料和剪贴纸张填满它的每一页。

买本笔记本

　　显然，你并不是非得用Moleskin本子来制作这个以笔记本为蓝本的艺术品和剪贴簿，但是Moleskin有它与众不同的一些优点。

　　Moleskin笔记本（5.2英寸×8.2英寸，20美元，如果你自制的话则免费喽，见132页。）很精致，它有结实的油布封面、别致的装帧和无酸纸。纸张厚实又耐用，而且能很好地吸收颜料、胶水和石膏粉。

　　橡皮圈套能使你的剪贴簿即使被以各种方式塞得肿胀也能保持闭合状态。这个本子的背面还有一个可伸缩的口袋，这个口袋很实用，也很方便，可以作为你在日志记录的各个时段之间搜集材料的存放。

材料：

>> **常规手工工具：剪刀，尺子，X-Acto刀，印度墨水钢笔，铅笔，胶水，刷子，打孔机**

>> **防渗开的记号笔，毛笔**

>> **橡皮图章和印油**，字母印章尤其实用

>> **水性涂料。**这是用来刷涂日志页面的，或者用来添加颜色以起强调作用。

>> **艺术贴纸。**你可以在手工艺品商店买到一些好看的字母或者其他图案的贴纸，或者你也可以自己制作。

>> **模具**手工商店有卖各种大小型号的字母型模具，价格便宜。

>> **送货标签、玻璃纸信封和塑料袋**

>> **标签打印机。**经典的小标签机，可在网上dymo.com找到。

>> **磨平的字母，字母贴纸，唱片字母，**可在手工商店买到。

>> **混色粉笔，**可在手工商店买到；适于用作某些有气氛的书页作背景。

>> **喷雾固定剂**

手艺工具（和材料）

　　形象化日志的一大优点就是任何一种相对扁平的小物件都可以为你所用。由于传统的剪贴簿通常是在一本相册里放一些立体的东西（如纽扣、曲头钉、绳子、立体的贴纸等），那么你将会比较倾向于使用扁平的材料。即使用的都是扁平的材料，当你完成时，Moleskin也会看起来很饱满。许多Flicker用户的日志者喜欢给他们的Moleskin本子拍一些侧面的照片，以显示它们多么饱满、多么棒。

　　一旦你开始制作笔记本，那些之前完全不会引起你注意的东西都会跳跃在你面前，你可以把它们都作为创作素材。比如，有一天，我正在随手翻阅一本从二手书店买来的书，一张薄牛皮纸卡片滑落，这张卡片的一条边缘上有奇怪形状的洞洞，还有一个很大的红色印章记号"5"盖在上面。我并没有把它当作垃圾，我脑子里闪现的第一个念头是"超棒的日志背景"。

　　除了我们生活中的纸质纪念品和即时刊物，还有各种各样的工具、供给、材料你可以使用，从水性颜料到装饰包装纸。大部分的艺术品和手工艺品商店都会有剪贴簿片区。大部分这类玩意儿都极其精巧别致，因此确实会有很多可用的小玩意儿。如Stampington（stampington.com）和Making Memories（makingmemories.com）这样的公司有各种系列值得一看的产品，如涂料、印章、贴纸、纸、墨水等。Making Memories公司甚至销售一系列漂亮的工具箱和制作笔记本、剪贴簿和装帧的专用工具。

使用手机拍照的照片

　　除了以上所提及的之外，你的电脑和打印机也是两个非常实用和万能的工具。你可以打印出用手机拍照出的文字、图案和图像以及用Photoshop等图片处理软件美化过的照片。

　　我们很多人的手机都有拍照功能，考虑到其质量问题，这个"相机"应该打上引号。尽管低材质、多噪点、低暗点的照片可能并不能捕获家庭照片相册的精髓，但是它们却可以做出有趣的艺术照片。把你的手机相机作为一种艺术手段，将会改变你拍照的方式。不断调整把玩你的手机相机设置和你的构图，将能拍出比文档材料更有感觉的照片来。用Photoshop处理，把图片放大，则可以把它们作为你的日志背景。也可以连拍一系列照片，然后制作并打印成小块的三联画或者双拼画。

　　为了改善手机拍摄的照片，你可以试试一

图A 马修·威廉姆斯，用材：车票、邮票、贴纸和墨水
图B 马修·威廉姆斯，用材：照片、牛皮纸、红包和卡片

图C 伊莎贝尔·莱奇，用材：古董目录图、手工折纸，水彩颜料。这些都是手撕的，她是在飞机上完成这一页的，当时没有剪刀

个叫作Neat Image的程序（neatimage.com，适用于Win/Mac系统）。它可以作为Photoshop的插件使用，也可以独立使用。这是一个降噪程序，可以消除很多低暗点的颗粒。如果你用手机拍出来的照片较小，而且是用不错的打印机打在相纸上的，那么Neat Image则能对于把"相机"的引号去掉，会有很大的帮助，让它成为名副其实的相机。完整的版本需要花费30美元，免费版只能用JPG格式保存照片，但在这个应用中使用免费版的就可以了。

如何处理一页空白页

要在一本高品质的精致的空白笔记本开启第一页总是会让并非专业艺术家的我们有些望而却步。甚至会有一种冲动，一点也不想给这本完美的本子加上任何不完美的东西。这个时候一定要打败这种念头。告诉你自己，这第一本只是打草稿的笔记本而已，你把它完成之后就会扔掉它。不会有其他人看见它的。无论如何一定要放开你的脑袋、心和手去做。在网站Flickr.com上你能找到大量的灵感。搜索关键字"Moleskin"、"艺术笔记本"和"剪贴簿"，网站上有各种视觉系笔记本，其多样性会让你惊讶。如果这都不能给你灵感的话，那就别无它物了。

可以放进剪贴簿里的物件：

宝丽来照片	贴纸
大头贴	葡萄酒标签
旅行小册	其他标签（衣服、食物等）
餐厅菜单	植物（标本）
票根	占卜饼
收据	雪茄烟的标箍
垃圾邮件	香烟盒
地图	纸夹火柴盒
电脑打印成品	名片
Photoshop制图	食谱卡片
新闻纸	行李签、价签、运货标签等
大学教材	乐透彩票卡
普通信封	包装纸
玻璃纸信封	绳子/丝带
橡皮图章	各类型和颜色的录音带（导管、遮蔽胶带、玻璃纸等）
邮戳	
正面字母	

盖瑞思·布朗恩是一名普通的手工艺者，写了很多关于DIY的著作。同时，他也在运营个人的网站：streettech.com。

（C）伊莎贝尔·莱奇 （A和B）马修·威廉姆斯 摄影：

装帧书本

把一本废旧的书变成一件你所一直期待的艺术品。

布莱恩·索亚

　　部分是装订，一部分是图书破坏，一部分是各种媒体的拼贴画，一部分是剪贴簿，手工书本装帧正变得越来越受欢迎，而且被视为是独树一帜的一种形式。

　　但是究竟"装帧图书"的精确概念是什么呢？根据"世界图书装帧艺术家组织"（alteredbookartists.com）的概念，装帧图书是"无论新旧，以创意方式回收可以成为艺术品的任意书本。它可以是通过弹回、涂颜料、裁剪、火烧、折叠、添加、拼贴、金叶片、盖章、钻孔或者以其他任何方式装饰的……"

摄影：布莱恩·索亚

请注意后面拖着的省略号：没有做不到，只有想不到，装饰的方式清单根本无法列完。这里所提及的那些技巧绝不可能是详尽的，但是这些普遍的例子可以给你入门图书装帧提供足够的工具和灵感。

材料：

» **一本硬皮封面的书**
» Distress Ink
» **装饰曲头钉**
» **金属油漆**
» **印着图案的重磅纸**
» **其他引起你兴趣的装饰物**
» **手工刀**
» **切割垫**
» **无酸胶棒**
» **剪刀**
» **图章**
» **印台**
» **海绵刷**
» **打孔机**
» **可重复粘贴遮蔽型胶带**

初始入门

首先，选择一本书用作"空白画布"。硬皮封面的书会比平装书更好，因为硬皮封面强度足够大能够支持装饰物的重量，也能够承受你对它的"蹂躏"。

尽管一本儿童纸板书是一个诱人且明显的选择，但是用纸板书的话可能会耗费更大的工作量。由于胶水无法很好地粘在光滑的书页上，你将需要在开始装帧之前用砂纸把塑料涂层打磨掉，然后用石膏粉涂上底层。选定一本书之前，选几页纸把角翻折过去，确保书页不会裂开，因为开裂是不能承担装帧过程的一个准确标志。

一本以时间为主题装帧的书，由凯伦·普罗沃斯特图书装帧艺术家和顾问制作。在本文中她所教授的技术是在她的半天工作间完成的，位于Westford，Mass的一家纸艺专营商店Ink about it（inkaboutitonline.com）。

在心里对这些实际的隐患了然之后，选择一本你自己感兴趣的书，因为你将会与它共处很长一段时间。你可以单就其设计或者美学风格来选择需要装帧的书，或者也可以根据你计划贯穿全书的一个上下文主题。当然，如果你打算完全盖住或者改变这本书的话，内容则不会太重要了。在这种情况下，你大概应该根据牢固性来选择书。

书选中在手之后，现在来为你打算添加的装饰物腾出空间来。浏览整本书，周期性的移除2~3页书（用力朝书脊的反方向拉出）。可能在撕的过程中会有更多页，但是最好是避免一开始就扯下好多页。（另：我发现这是入门时最困难的步骤，一旦你扯出几页，装帧剩下的书会变得容易很多。）

最后，选择第一页装帧的部分（把对开页作为一个独立的单元装帧能营造出一种统一的美学效果），然后在某一面把几页纸粘在一起（尤其是有重一些的装饰物时）。在你装帧图书的时候，需要在每一个装帧部分都重复这些工作，以此来加固书页表面，能够更好地支撑加在书页上的装饰物的重量。

口袋页

我们要完成的第一个变化是一个简单的口袋，通过翻折一页纸，用曲头钉将其与下一页固定在一起。首先，用胶水将三组连续的两页、两页粘起来。两组外面的纸页作为之前所提及的装帧表面，而中间的那一层则折叠成为口袋。

1. 折叠书页

把中间页折向与书脊相对的书的前页边上的一点，把折下的部分藏在该页之后（见图A中蓝色虚线所示）。

2. 打孔

使用小打孔机，在你折出的三角形三个角处（图中绿色圆点处）分别打三个孔，打孔穿过中间页和其后页。

3. 把书页合起来

把装饰性的曲头钉插入洞中，将下页后的别针打开，把书页联合成一个闭合的口袋。

4. 装饰口袋

用海绵刷蘸上墨水颜料迅速给所有书页上

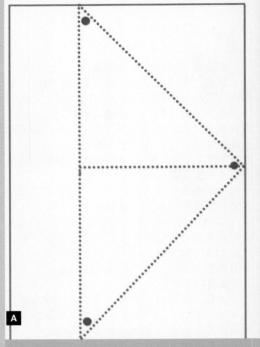

图A　口袋页。这一页是被折叠、做旧、用墨水装饰、曲头钉固定住、盖有印章的物流标签填入的，这些基本技巧可以作为更复杂、更多装帧的基础构件

色，这样能营造出一种好看的做旧的风化般的效果。当然进一步装饰这个口袋的方式可能多种多样。

完成这个口袋之后，我用了几个盖戳的物流标签填充在里面，当然，你也可以让它空着或者用任何你选择的东西来填入。我认为蒙娜丽莎像就很适合意大利艺术风格的书，而流行文化海报则在整本书中起重要作用。

弹出式结构

有了弹出式结构，打开书页的动作能够激发读者的兴趣。寻找一个符合你主题的图片。多福出版社（doverpublications.com）出售源于公众领域艺术的免版税的书和CD，很适合预展的个人项目或者不需搜寻附加许可地出售版权图片。

1. 打印图片

在重质纸上打印出图片，或者打印在一张标准复印纸上，然后用胶水将其粘在比其稍重的书页上。

2. 裁剪图片

将图片裁剪出来，在底部和侧边留出1~2

英寸的空隙，用作附加的支撑（见图B中红色实线所标记）。图片的上半部分（当弹出式打开时，这一部分将会延伸出书的上端）直接沿着边缘剪裁。

3. 对折

将图片垂直对折（见图B中的蓝色虚线所示），并在下一次折叠时保持对折状态。

4. 将上部翻折下来

把图片的上部翻折下来（见图B绿色虚线所示），与第一条对折线（蓝色虚线）呈45°角。沿反方向再折，以加强折痕。然后打开，看到完整的图片。

5. 垂直折叠

再次把图片垂直折叠（蓝色虚线的反方向），折出一道仅单面可自由打开的折痕。

6. 用胶水粘贴

把支架用胶水粘在延展的图片上，把支架的顶端（见图B上端水平红色实线）与书的顶

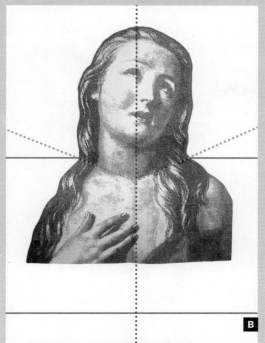

图B 弹出式结构。装帧图书与标准多媒体拼贴画册的一个区别在于能够更加生动、更具有互动性。在打开这本书的时候，这幅图会自动弹出来。

图C 遮盖文字。文字符合主题："你的新娘等待着你……她光彩耀人……宠溺地点点头……一如在穿过晨露第一缕曙光中绽放的玫瑰，如此可人，又娇嫩欲滴……"

端边缘对齐，将图片中央的折痕与书脊校准。

7. 折出折痕并压平

把图片的上部沿折痕向下翻折，同时合上书，施加一定压力。待胶水晾干。

8. 打开

打开书便能看见图片弹出。然后，作为收尾工作，在空白的部分涂上颜料，或者用其他的装饰物盖住。完成之后，这个弹出式图片在书页上应当可以与其他装饰物天衣无缝地融为一体。

遮盖文字

遮盖文字的工作包括强调出文字的一些部分，而与此同时用涂料盖住其余部分。大部分书页中包含足够多的单词来拼接创造出一片新的文章，抛开其实际内容，以吻合你的主题。

1. 遮盖文章

用可重复粘贴遮蔽型胶带盖住你想要留下的文字部分。

2. 使用涂料

用海绵刷蘸上涂料涂满整个页面，当然也完全盖住贴了胶带的部分，然后等待涂料晾干。这大概需要15分钟左右。

3. 显示出信息

把胶带撕去显示出先前遮盖的部分。尽管刚开始我也是抱着半信半疑的态度去尝试，我有许多多余的书（我之前就知道，对于我来说损毁一本书也还是很困难的，尽管是以艺术作品的名义），然而现在我觉得被深深吸引住了。你装帧的图书越多，你就会越来越意识到，真正"完成"任何一个项目都需要有一种惊人水平的自律精神。我有一种感觉，貌似我绝大部分的书都会永远停留在"装帧过程中"的状态，而这也不应该被认为是一件坏事。

布莱恩·索亚是《爱上手工》系列丛书的编辑，同时也是奥莱理《媒体书架》系列丛书的领衔编辑。

101:
麻胶版画

多纳·巴格

创建一块亚麻油毡，给你自己制作的油毡版画涂上油墨。

摄影：丹尼尔·尼格

✱ 地点:
　　特别鸣谢梅多拉·维尔登堡为我们提供了她位于加州托伦斯的埃尔卡密诺学院的工作室。

布面印刷，是凸版印刷的一种形式，也是一种最简单和最直接的形式。麻胶版画，既可以让产品的表现浅显直观，也可以让其在细节上极具表现力，而这两种不同的表现形式的选择，完全取决于你对产品的要求。这是一个减色的过程，也就是说，你应挖空或减去你不想印的地方。它可以印刷在任何纸质和布面上。你可以印刷在颜料画背景或者绢印画的背景上，或者你也可以在印刷完毕等它干燥后，用水彩颜料或彩色铅笔直接手绘上去。》

搜集材料 》

如果使用一块柔软的亚麻油毡来印刷，那么边缘就会相对圆润，能给图像带来一种更加柔和的视觉效果。柔软的亚麻油毡还可以减少印刷的次数，便于你在其变质之前丢掉。而相对较硬的亚麻油毡尽管可以展示出很多的细节，但是它剪起来会更困难一些。而且，硬亚麻油毡能保持更长时间的印刷过程。我更喜欢使用战舰牌的亚麻油毡，因为它软硬程度适中，足够坚固，能够显示出重要的细节；同时又足够柔软，不会需要太费手劲来雕刻它。在雕刻过程中，可以通过用一块加热的平板垫在下面的方法，使油毡稍稍柔软一些。

✳ **亚麻油毡**：制作麻胶版画，有很多不同种类的亚麻油毡可供使用，每种都有其自己的特性。普通的亚麻油毡一英寸厚，要么是未镶边框的、以油画布作为背衬的，要么是用木头块裱上的。你可以从艺术品供应商或者是当地的艺术工艺品商店那里买到。软质的品种确实更容易雕刻，但是在细节上的容纳则不如坚硬的油毡。

材料：

» Battleship亚麻油毡
» 铅笔
» 永久性记号笔
» 绘图纸
» 复写纸
» 刻刀工具：Speedball牌生产麻胶版画雕刻专用的各种各样的工具
» 版画纸
» 普通的新闻纸
» 醋酯纤维或者聚乙烯膜（可选）
» X—Acto刀
» 金属尺子
» 马连或者勺子
» 墨辊（复印滚筒）
» 凸版印刷专用墨水
» L型垫板
» 玻璃或者有机玻璃调色板
» 纸巾（清理用）
» 婴儿油
» 板凳挂钩（可选）

开始制作 》

1. **将设计图案转换到印版上**

第一步就是想出你的设计图，然后将其放在亚麻油毡块上，为雕刻做准备。请记住：你选择的图像将是反过来印刷的，因此，如果你的设计图中有文字的话，需要将文字反过来印在印版上。你可以直接在亚麻油毡上画画，也可以运用转移的方法。如果你决定直接在亚麻油毡上画图，那么你应该用铅笔先画好草图，然后使用永久性记号笔把线条描一遍，并把需要印刷的区域涂满。

复写法：为了把设计图转换到印版上，要先在一张绘图纸上画好草图，按照其最终大小裁剪下来，依其风格而定，用胶带粘在油毡的一面。在草图纸下夹入一张复写纸，面朝下，然后使用圆珠笔或者硬铅笔描摹一遍设计图。

当心不要用劲过猛；如果你使用的是软质的亚麻油毡，那么就很有可能会在不需要的地方留下一些凹痕。一旦你把轮廓复写过之后，把复写纸移开，再用永久性记号笔把需要印刷出来的区域涂满。

碳粉法：如果需要从电脑中打印出设计图的话，也可以使用碳粉转换法。这种方法不适用于喷墨式打印机，只适用于激光打印机。将用激光打印机打印好的设计图放在亚麻油毡上，面朝下，然后用一团棉花球，蘸上丙酮溶液或者Bestine溶剂。轻轻在纸的背面擦拭几秒钟，然后轻轻地把它从油毡上剥离开来。请记住，如果使用这种方法的话，务必要在一个通风良好的场所制作。

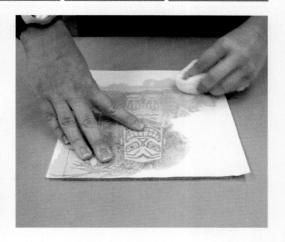

2. 雕刻设计图

雕刻油毡块，这是我最喜欢的一个步骤了！使用Speedball牌的雕刻工具以及配套的刻刀，雕刻下所有不需印刷出来的部分，也就是显示出白色或是纸张颜色的区域。市面上有很多种不同的刻刀可供使用，选择哪种则取决于你所需要的版画视觉效果了，但是我通常只用两种刻刀：1号和3号。1号适合那些精细的细节雕刻，而3号则适用于清除大片空白的区域。交叉或者改变线条的粗细可以制造出灰色区域。

在你雕刻时，请留心每一刀的方向和角度。有一些边缘可能会不可避免突出来，这也在白色区域中增添了一种有趣的线条效果。这些雕刻线条是你艺术设计的一部分，因此用一致的角度雕刻将会使你的作品看起来效果更好。

✳ **注意**：雕刻时不要划伤自己，在你扶住油毡防止移动的时候，不要把另一只手放在刻刀前。板凳钩（如右图所示）是一个不错的帮助雕刻安全的装置。它一条边能钩住桌子的边缘，相对的另一条边能支住亚麻油毡，给你提供了一个平衡的装置环境。

 提问：如何使用雕刻工具最好？

回答：通常情况下，这是一个个人偏好的问题了，而且雕刻过一段时间之后，你就会发现最省手力且最合适你自己的方法了。我推荐你刚开始先仿照握铅笔的方法握住雕刻刀。这样会让你在雕刻时，更加游刃有余，尤其是在雕刻弯曲线条的时候。当刻除大块儿区域或者深度雕刻的时候，你可能会需要一种向下拍打的握法。

你也可以通过砂纸打磨油毡表面，或者用其他各种各样的工具抹去，在亚麻油毡上制作出有趣的标记或者图案。在雕刻完印版之后，确认彻底地清理掉所有散落的油毡碎片。这些小碎屑和小碎片可能会粘在胶辊上或粘在可印刷的区域上，那样会给印刷时留下多余的白色斑点。

 提问：我应该将油毡雕刻多深？

回答：完全不需要非常深。因为油毡能保存住那些仅仅轻微刻入表面的非常纤细的线条。而在更粗的、更具有表现力的线条时，或者在清除那些不需印刷的区域时，你可以更深的刻入。

3. 准备纸张

下一步，你应在准备好墨水之前，把纸张准备好。你可以印刷在任意一种纸张上，但是在示例中，我们将使用BFK Rives档案版画纸，因为这种纸表面光滑且吸收性好，能够很好地吸收墨水。而且这种纸重量也足够支持任何印刷之后的附加制作，比如用铅笔或者水彩笔上色等。测量一下你的设计图的尺寸，高和宽至少多加4英寸，这样，你就能留出四周都有2英寸的边缘留白。你可以使用X-Acto刀和一把金属直尺来剪裁边缘，或者用手压稳纸框，把纸撕出正确的大小。

4. 用墨辊滚出墨水

通过使用不同颜色分开的印版，或者使用色彩多层次渐变的墨辊，可以印刷多种颜色的麻胶版画。在这个项目中，我们只印制单色版画。你将需要一块玻璃或者有机玻璃，来铺开墨水颜色。

你可以使用水基墨水或者油基墨水。水基墨水的优势在于无需溶剂就可以轻松清理，但是，水基墨水却干得很快，如果是长时间印刷过程的话，那就是它的短处了。我更倾向于大卫史密斯牌的油基凸版印墨，因为它能提供更强的盖度，而且如果我之后在油墨上使用水彩颜料上色的话，这种油基凸版印墨也不会溶

解。使用婴儿油是清理油基墨水的一种安全无毒的方式。

　　用油灰刮刀在调色板上划出2~3条墨水线，宽度比你使用的胶辊宽度略宽一些。

　　你将要用这个来蘸满墨辊。用墨辊均匀地滚动涂出一层矩形。操作的时候不需施加压力，只需墨辊本身的重力即可。

　　继续滚动墨辊，直到墨水表面出现一层橘皮面效果。如果在调色板上墨水过多，那么在滚动墨辊的过程中会有涂污，而且你会看到墨辊上会有团状的墨水，而不是完整均匀的一层图层。

5. 给印版上墨水

　　墨辊上蘸满饱和的墨水之后，就可以开始往亚麻油毡上滚抹了。需要滚动几次才能让油毡印版完全覆盖住。在这个初始上墨的过程中，可能需要用墨辊多蘸几次墨水。但是不能蘸上过多的墨水，你需要找到最佳的覆盖印版的中间状态。如果想要测试墨水的覆盖度，可以在新闻纸或者其他廉价的纸上试印一下。

6. 做一次印刷

　　但愿此刻你的手上还没有沾上墨水，如果沾上了的话，请确认在拿出一张新纸之前，把你手上的墨迹擦干净了。用一块L型的垫板对准纸张。

提问：我应该用什么样的墨辊？

　　回答：这也是一个个人偏好的问题，取决于如何印刷。一个特别硬的墨辊能刚好在印版的表面上滚上墨水。一个稍软一些的墨辊则可能会轻微地挤压入一些原本雕刻掉的区域，而且墨水有可能淤积在非同一水平的地方。而我通常使用软质的墨辊，因为我喜欢一些白色区域的线条也被墨水刷到。

一旦纸在亚麻油毡面上放置好之后，小心地把它磨平至油毡的四条边处。纸会被墨水的轻微吸力轻轻地放置到适当的位置。你可以使用版画专用的马连或者一把勺子，甚至可以用手，把它磨平。所使用的东西能在纸的表面平滑均匀地滑动，且不会划伤、撕破或者使纸凹陷即可。如果找不到一把能够平稳滑动的马连或者勺子，那么你可以在纸表面上用一张薄薄的醋酯纤维或者聚乙烯膜盖。

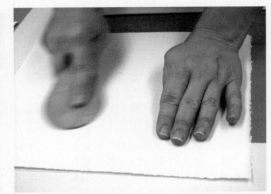

7. 检查版画

一旦完成了磨平工作之后，就可以小心地把纸从印版上剥离开了。此时，你可以评估一下你的版画，判断它是否还需要更多的雕刻。如果需要的话，仅需把油墨擦除，在需要雕琢的地方刻上几下，重复一遍刚才的印刷过程，以得到另一张印样。

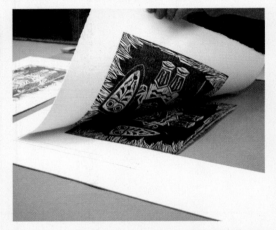

如果对结果很满意，你可以继续印刷，每一次新印刷都要给印版重新上一遍油墨。在每一次印刷之间，不需要把印版清理干净。把印好的版画放在新闻纸上排开摆好，以便晾干，注意不要让它们有重叠。如果你使用的是油基墨水，那么版画完全干透大概需要两天或者更长的时间。如果你没有足够空间把它们摆出来的话，可以让它们先晾干一个小时左右，然后在剩下的晾干时间里，把它们依次摆起来，用空白新闻纸把每一张隔开。这样就大功告成了！

完成 ⓧ

多纳·巴格擅长手工源自于父母的灵感和遗传，在她的记忆中，她几乎无时无刻不在手工艺术制作。白天，她是一名自由平面设计师和插画家；晚上，她则和她的妹妹罗宾一同经营他们的新奇艺术首饰店，名为"四只闲手"fouridlehands.com。她与她的丈夫快乐地生活在不下雪的洛杉矶，她的丈夫是一名火箭科学家，而她同时也是"奇异手工"集市展会的组织者。

现代派环形针　　　　　　莎拉玛丽·贝尔卡斯特罗

不喜欢双尖织针吧？我也是，双尖织针总是容易滑出手指，然后滑出针脚。于是我就自制了短的环形针。下面就是它的具体做法。

你需要的材料有：带管子的竹圆针，不要带绞线的（在易趣网上找，或者任何一种竹圆针再加上1/4英寸可活动的PVC管即可），伸缩小刀，溶液（涂抹酒精和丙酮），超级胶水，棉花球，铁皮剪或者类似的剪刀（我用的是伸缩小刀），小卷笔刀，砂纸（100砂、220砂），一块蜜蜡。

1. 缩短管子的长度

小心地割开管子与其中一支针连接端点，然后使用棉花球沾上溶剂擦拭，使管子从织针上松开，然后把管子按照需要的长度切割。如果针很短的话，那么管子的长度应该至少是织针长度的两倍，这样能避免使用过程中对管子的损伤。我使用1.5英寸的织针和4英寸的管子，这样我的整个针就是7英寸了，至今仍在使用。

2. 缩小你的竹针

用你的伸缩小刀，把两个竹针切至同样大小。（把多余的部分留下来！你将会用到它们的。）接下来，用转笔刀把针的残端处形状处理好，这需要在使用铅笔刀时比通常的角度要浅。分别使用中等砂度的砂纸（100砂）和高砂度的砂纸（220砂）把新的针尖打磨平滑。用布彻底清擦，然后用蜜蜡整体打磨，把其余的缝隙都填满。

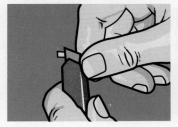  

3. 重新组装你的针

涂擦少许超级胶水在每一个拆卸下来的针尖的接点，然后把它调整插入管内。完成啦！

喔，可别浪费了材料。你应该还剩下了一段儿管子和一些竹针，包括一些塑好型的针尖。

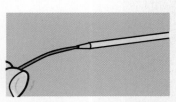

a. 用刀把已塑好型的针尖切成合适的大小。（保留剩下的竹针；若你想做更多的针，你可能还会用到它们。）

b. 用伸缩刀，把钝的针尖削锋利，这样你可以把它作为管子的填充。

c. 把管子的大小切割好，用胶水把它和针粘在一起！

莎拉玛丽·贝尔卡斯特罗是汉普郡学院夏季数学项目的主任，也是一名编织的忠实爱好者。

插画：达斯汀·霍斯特勒

玩乐！

你的喷墨打印
机能够把硬纸
板变成孩子们
梦幻的堡垒。

史蒂夫·罗德芬可

[A] 打印的图片

[B] 波纹型纸箱（2只）

[C] 美工刀

[D] 剪刀

[E] 透明包装用胶带

[F] 3M牌777喷涂胶黏剂

未显示：

有图片编辑软件的电脑

如果你家有小孩，那么你很有可能会把一个倒置的硬纸盒剪出几个洞，然后管它叫做火车玩具的"隧道"，或者是布娃娃一家的"房子"。尽管孩子们看上去很热衷于这些玩意儿，但是这些临时找来的"建筑物"总是容易被忘记。我发现，有了喷墨打印机和喷涂胶黏剂，你就可以把这些粗制滥造的"建筑物"变成可以吸引孩子玩上几个月的玩具了，尽管它也仍是暂时的，但总比几个小时就报销要好。

在我们家中，Playmobil牌的玩具骑士和海盗模型风靡一时，Playmobil的城堡和堡垒玩具模型是经过深思熟虑精心设计制造的，然而，从对孩子仅有短暂的吸引力来说，玩具的价格确实有些高。等到咱们的硬纸板堡垒用旧磨坏的时候，我们可以继续着手到下一样手工制作玩具中去。如果没有，我们将会捣鼓出只需一点点成本的另一件纸盒堡垒，与商业玩具相比真是经济实惠。

史蒂夫·罗德芬可在西雅图从事网页制作和小装饰品的制作。

1. 制作并打印背景

一旦你决定了打算制作什么东西，那么你就可以开始在网上逛一逛，浏览搜索合适的材质背景图素材。有很多便捷的网站，比如马扬材质图库网（mayang.com/textures）和后期图片网（imageafter.com）。

找到你喜爱的材质背景图之后，你很有可能需要在打印出来之前，编辑一下图片文件。至少你需要调整一下图片尺寸，以适应打印纸的大小，但是大多数情况下你可能也需要图片平铺，占满整张打印纸。

普遍的文件准备过程包括以下几个步骤：

• 在图片编辑软件中打开一个新的文档，把文件尺寸设置为8.5英寸×11英寸，分辨率为150。

• 打开材质图片，选择"全部选定"，将图片内容复制到剪贴板中。

• 把图片粘贴到新文件中。按照需要重复粘贴，把整页用材质图片填满，在整齐的网格中首尾相接对齐平铺开。

• 按照需要的页数打印出来。

通过Photoshop或者其他图片编辑程序，有些简单的技巧可以制作出平铺无缝的图片，不过仅仅复制粘贴图片来填满页面就足够了。

用8.5英寸×11英寸的普通白纸，我们的堡垒需要10张这样的纸作为主体石墙，6张作为上端石墙，4张作为"木质地板"材质的观景台。建筑越大，就需要越多的打印纸。

✱ **小贴士**：与打印机深色图片相比，打印浅色材质图片，对于墨水匣来说，更容易饱和。

2. 建造出基本结构框架

我们的堡垒基本上是由两个纸盒子组成的：一个文件档案盒作为基底，一个小一些的盒子作为塔的部分（见图A）。首先，我们从裁剪掉小盒子的三分之一处开始（见图B），用胶带把开口处封贴闭合（见图C）。

在小盒子的开口端边缘一圈剪出均匀间隔的槽口（见图D），形成塔上的城垛。把这个部分翻过来，在小盒子的顶上封好胶带（见图E）。

如果你的大盒子也适合这种方法，那么就重复同样的步骤来建造城堡的主体部分。但是我们此处用的大盒子是不一样的，有一个单独分开的盖子，因此我们使用波浪形硬纸板废料来制作主体城堡的城垛部分。

3. 粘贴喷墨打印图纸

把你的材质打印图调整至合适形状，然后开始用它装饰你的城堡。使用喷雾式胶黏剂粘上去。为了纸张能够整齐地粘好，可以同时在纸张上和需要贴上的盒子区域都喷上胶（见图F）。

先把打印纸张面朝下，放在一张大的硬纸板上，以接住多余喷雾，然后就可以喷出薄薄的一层胶，直到边缘。再喷"建筑"墙面，用重纸质或者硬纸板来保护盒子的其余部分。把打印纸粘在盒子上，并调整打印纸任何的突出部分（见图G）。一直调整直到完全被遮盖好（见图H）。

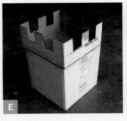
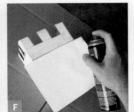

4. 最后的组装和收尾工作

在把各个部分合在一起之前，可以优先装饰好建筑物，比如需要接合或者重叠的部分。在把主体城堡和塔楼用胶带粘在一起之前，先把它们装饰好。剩下的工作就是用纸覆盖，再加上门（见图I）。

这种类型的模型上可添加的细节和小装饰品无穷无尽，如果时间允许，想象力也足够丰富的话，完全可以疯狂一把，加上窗户、人行道、楼梯和吊桥等。

作为收尾工作，我们用一些喷墨纸做的小旗子放在竹竿子上，让它们在塔顶飞舞。做小旗子的时候，打印出一张两个旗子图案的纸，其中一个向水平方向飘着。在这对旗子的背后粘上胶，然后围着小竹竿折起来。

那么现在，往后靠，坐下来，观赏成品，想象微小的塑料野蛮人围攻罗马人根据地吧！ ✄

守旧派
马克·福劳恩菲尔德

>> 与我们分享20世纪50年代孩子们简单的手工制作方法。

仅仅就是不可能

几年前，我曾在一本旧版的*Mad*杂志上读过一篇有趣的文章，文章大概源于20世纪50年代末60年代初的时候。那是一篇关于假冒产品包装的嘲讽文章。最搞笑的一个例子是有关一个木头帆船模型。盒子上的图显示的是一艘气派的大船在大海中航行，细节上甚至画出了大炮的舷窗、迎风飘扬的船帆和甲板上各种各样的装饰品。可是在盒子里面，只有光秃秃的一块儿木头，和一张说明纸，纸上写着："请使用一把锋利的刀把所有看起来不像船的部分雕刻掉。"

我当时觉得这是个很棒的笑话（我现在仍这么认为），但是我之前绝不相信，若是涉及一本有趣的书的封面，有人会被类似这种噱头骗住。然而，在我拿到了一本特别的书之后，我的这种想法就改变了。这本书叫做《男孩儿女孩儿们的艺术手工》，作者是海伦·吉尔·弗莱彻（1954年，Paxton-Slade出版公司，29美分）。

这本64页的活动手册的纸张是类似于彩绘书籍用的那种廉价的纸浆。书的封面画的是一个男孩儿拿着一只漂亮的玩具帆船模型和一架飞机模型。飞机模型是如此引人注目，旁边的女孩儿（她穿着的套装像是来自于冯普拉特家族）中途停止了手上的画，注意力转向欣赏男孩的手工制作技巧。她脸上的表情有种近乎痴狂的欢喜。

这本书中并没有任何关于帆船、飞机的手工制作，也没有关于绘画的项目。然而，它确实包含关于制作鸡蛋树、鸡蛋脸、鸡蛋篮子、鸡蛋花园和鸡蛋布娃娃的指导。它也有关于锡纸橡胶小乌龟、锡罐头花园、锡罐挡书板和锡罐鸟屋的制作指导。针对那些对吸烟有兴趣的孩子们，弗莱彻在书中教他们如何用中空的塑料管、塑料薄板和胶合剂制作烟灰缸。

但是，让我想起*Mad*杂志的一项手工制作是粉笔雕塑。整体上来说，它的指导是恰到好处的。

如何制作粉笔雕塑

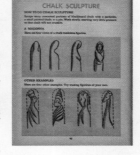

使用削铅笔刀、小而尖锐的刀片或者大头针将黑板粉笔上不需要的部分刮擦掉。操作的时候尽量缓慢，用力轻柔，这样粉笔就不易被弄碎。

这项手工制作接下来向你展示了"四种圣母塑像"，接着是一位埃及法老、一位巴黎公主、一匹马和一只睡着的长颈鹿。弗莱彻深思熟虑，还在每一个塑像图的周围画上了虚线，标示出需要擦除的"不需要的部分"。

试想一下如果米开朗琪罗也拥有如此精密圣贤的指导，那他完成他的雕塑作品大卫将会加快多少啊！✂

鸣谢米斯特·伽罗皮分享了他在旧货出售时获得的那本《男孩儿女孩儿们的艺术手工》。

大集市

我们欣赏的精巧手工商品

娜塔莉·姿依·德里约

毛线盒

7~12美元

yarntainer.com

● 你是否有过毛线团滚散的经历？有五种型号大小的毛线盒可以解决这个问题，同时可以避免毛线纠结的情况并保持其干净整洁。毛线盒漂亮的盖子上有孔，可以穿过单独的线股，尤其是当你在同时编织两个或两个以上的毛线球时，使用这种毛线盒就会特别便利。这样的毛线盒也能有效避免你的宠物把毛线团搞得一团糟。

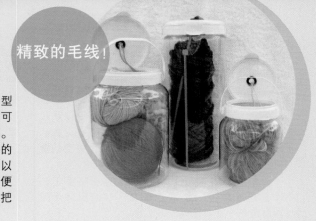

精致的毛线！

闪耀小物件的收纳包

5美元

shop.glitterworkshop.com/index.php

● 打开这样一个收纳包就像是打开了一个宝物纸匣。真是一件简单纯粹的乐事！我十分喜爱那些小片小块的老照片、卡片、纸、纽扣等，各个包里都不尽相同，完美精致的装饰小卡片，又或者加上相册和剪贴簿。每一个收纳包都是不同的，所以买下几个，享受偶然性和灵感带来的惊喜吧。

苏珊·比尔的A字套裙

28美元

susanstars.com/skirtkits

● 一打开包裹，你要做的就是制作一条裙子。这种套裙特别适合那种需要迅速完成一件手工作品以带来满足感的裁缝初学者。套裙有各种各样的印花和颜色，从花朵图案到纯黑色。你可以根据指导来制作裙子，也可以按照自己的方法，通过添加一些特色和装饰物来自我表现。另外，比尔还在网上提供了关于如何定制自己的裙子的照片指南，包括一个Flickr网站上的组群，专门展示了一些有各种不同装饰的裙子成品，这肯定能激发你的创造力。

小物件
森林小伙伴的邮票

18美元

thesmallobject.com/products/stampsWoodland.html

　　史上最可爱的邮票！三套邮票上画上了橡果、松鼠和刺猬，能为你的笔记、礼物等提供精致的装饰，使你的作品锦上添花。

》针脚&黑桃女王牌磁导缝

10美元
sewfastseweasy.com/storewelcome.php

　　我总是希望自己能像内行一样缝纫得那么出色，但是似乎我连一条线都无法缝直。现在有了针脚&黑桃女王家的磁导缝，缝纫就变得容易多了。只需把磁导缝放在你缝纫机正确的线上，那么你的织物就会很容易地沿着滑行，这样每一次都能缝出完美的直线了。

》《橡皮印章之疯狂》

6美元/件
rsmadness.com

　　把《橡皮印章之疯狂》这本杂志称为"守旧派"反而是给它帮了倒忙，因为这称谓暗示着它已不能与时俱进了，然而实际上，橡皮图章和剪贴簿才刚刚进入主流市场。这本杂志中涉及了它的发展，同时也包含了艺术由平面纸质向三维世界转化的过程。但是这本杂志仍忠于其镀锌的本、时髦的造型、边缘化艺术家的报道以及新式杂志所缺乏的幽默感。

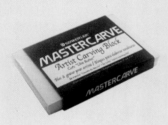

》城市者雕刻大师牌艺术家篆刻橡皮

（根据不同型号）2~22.5美元
dickblick.com/zz404/00/

　　市场上没有比这更好地篆刻橡皮了，因为它切起来就像一块"黄油"。这是我最喜欢用的一款橡皮了，它的乙烯基质地让细节上的印章篆刻变得更加易于转换，并且能防止弄碎印章，这样一来，你就可以专注于篆刻一枚好的印章了，也解除了清洁上的后顾之忧。

》冷热牌自由无绳喷胶枪

30美元
coldheat.com/products.cfm?id=2

　　我大概有十年之久没有用过喷胶枪了。它们总是脏乱还很烫，我想大概是我上一次用的时候把自己烫伤了，于是一直心有余悸。但是无绳的冷热牌喷胶枪则相当棒。把手处特别适宜抓握，而且不会存在过热的问题，这样你的手指和手掌都不会烫伤了。胶枪上还配有一个小照明灯，以照亮涂胶的路径。它不仅易于使用，而且几乎能粘上所有的东西，当然能很好地在布料上使用（包括不可水洗的产品）。现在我确实认真地在考虑做一些其他的手工，好让它能派上用场。

给你的鞋子贴上邮票

雅思敏·博基是一位复古物品和古玩的铁杆爱好者，她从10岁开始收集邮票，那会儿她让她祖母的朋友们把自己的私人收藏都送给她，这可是罕有的好运气。同别人的童年兴趣一样，她的这一爱好，最终也被遗忘在衣橱角落多年。

"我不会真的把东西扔掉。我会同它们亲近，它们有时就会有第二次生命。"博基，这位比利时居民解释道。当这些邮票收藏品被重新发现并擦拭掉尘封，博基开始试验如何再利用这些邮票，然后这双漂亮的酒色高跟鞋也随之重生了。这双鞋被恰如其分地命名为"80张邮票环游世界"，其中可能还包含了几张稀有的邮票，被不经意地使用了。

博基并不是回收再利用界的新人。她的许多再生创意作品可在yasminbochi.com网站上看到。

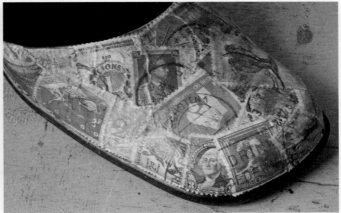

摄影：彼得·劳青斯

循环利用

莎农·欧姬

>>莎农·欧姬是《纺线编织》（纺织出版社出版）一书的作者，同时也是最畅销的《编织女孩》系列丛书的作者。她与海德·布拉克共同完成的《情速毛毡》，在2007年发行。你可以通过她的邮箱admin@knitgirl.com找到她，也可以通过她的各种巡回书展找到她。

大纺轮，一直转

我喜欢纱线成品，但是我更倾向学会自己纺线，这样我就可以完全按照我自己喜欢的方式来了。纺线并不是一件困难的事，如果你心灵手巧的话，仅需不到10美元的材料费就可入门开始纺线。（你正在阅读此文，不是吗？那么你一定是合格的。）用旧唱片制作一个纺锤，刷刷你的狗毛，一切准备就绪啦。

为什么要增添麻烦，自己纺线呢？因为这给你的作品增添了额外的艺术效果，即使只是一个小针脚。你可以手工给纤维上色，包括装饰小珠、金属小亮片，或者是撕碎的布料，又或者往线股中加上金属线，你可以自行加入的元素实在是无穷无尽。毕竟，你既然打算自己纺线，那为什么还要做成和商店里可以买到的那些看起来一样呢？

其他的编织能手们也发现了这个事实。据纺织与编织协会估计，在美国大概有至少10万名手工纺织者。如果你之前从未亲手纺织过，那么这里将为你提供速成课程。

手工纺织不过是一种把纤维捻成一股线的简单过程（纤维被延展成一长条的相互叠盖的一股线）。开始在不可思议的纤维上进行如下操作之前，请先用一团棉花球练习。用手指将球轻拉成长条，然后朝一个方向绕在腿上，直到中段部分开始绞缠为止。然后让棉花条儿自动往回在其自身上缠绕，这样你就做好了一根很短的缝制棉线了。

用唱片纺锤（见145页的侧栏，《关于如何制作唱片纺锤》），把一根纱线缠在纺锤轴上，在唱片的下方，这个叫做指引线。（我更倾向使用羊毛线作为指引线，因为这样能更好地帮助抓取新的纤维。）然后将指引线绕过纺锤的顶端，把线环成圈穿过丝杆吊钩，最后把你需要纺的新纤维缠在指引线外围。用手指轻弹一下轴，就可以开始纺线了。

关于纺织的各种复杂的细节照片，以及在纺织过程中可能会遇到问题，请参看我的书《纺线编织》（纺织出版社出版，2006年）。

既然已经厚脸皮的胡诌了这么多，那么让我们一同来看看你可以尝试的非同寻常的纺织纤维材料。毕竟，羊毛纤维早就已经过时了。

狗毛纤维

你肯定会惊讶于哈巴狗的纤维纺织物会如此之好（见图B）。如果你没有养狗也没有关系：短毛猫若与羊毛混纺，也是可以用来纺线的，而长毛的波斯猫品种的猫毛单独也可以用来纺线。混合纤维通常也是通过实践得出的。除非你养了10只一年到头脱毛的猫，否则你肯定搜集不够猫毛来进行太多纺织。

因此，必须考虑主要原料的长度，或者某种纤维的一条单线的平均长度。这儿所谈到的许多种纤维都与这个长度相关。4英寸长毛的大白熊犬的毛会比一只腊肠犬的毛容易纺线的多，即使和我的腊肠犬一样是长毛的。因为每一种动物体毛的羽轴就像一根光滑的塑料管，那么在纺线的时候短毛就更容易被扯下。但是，许多品种的狗都有两层毛：粗硬的外层保护皮毛和柔软的浓密绒毛，就像克什米尔山羊一样。如果你细心地给你的狗梳理毛，你只能抽出一点儿绒毛，而绒毛是更易用于纺线的。梳子是分离出绒毛的最好的工具，因为使用刷子则容易混上外层保护皮毛。

在开始着手织一件狗毛毛衣之前，你应该了解：狗毛线中央的空心能够非常有效的吸收空气和体温，由狗毛线织成的衣服特别适合极地探险，而并不适合有着中央供暖的室内，除非你确实特别怕冷。你想想，狗狗自己是如何在雪地里保暖的呢？

人体毛发

究竟为什么会想用人的毛发来纺线呢？作

摄影：莎农·欧姬

为我来说，我只是想试验一下是否能成功。于是，在我上一次染发之前（我并不是只染羊毛的），剪了几英寸的头发下来，然后试图单独用头发来纺线。效果见图A。作为实验来说，这

用狗毛纺线制造的衣服很适合极地探险哦！

样的效果还不错，不过更倾向头发和羊毛的混纺。百分之百的头发可能有足够的长度来纺，但是穿戴起来会有些粗糙、易引起摩擦。

理发师的人造纤维

说到头发，如果你曾烫染过头发，你应该见过理发师用的那种人造纤维（那种白色棉花状的东西，理发师用它来绕住你的发缕，以防止染发膏或烫发药水滴到你的脸上）。你可以在美容产品商店买到大盒装的这种人造纤维。（如果你去了美容产品商店，务必顺便选购几瓶染发膏，它们很适合用来给纺线染色！）这种人造纤维由不同比例的棉和粘胶纤维制成，质地轻盈，适于织做夏季的衣物。这种纤维是成卷装入盒中的，几乎可以直接用来纺线。你所需要做的就是用手把它翻松，或者叫做"预捻"。这个过程就是把纤维拉开，使其松开，变得蓬松如云朵一般，这样就会比一条密实的材料更容易绕上你的纺锤或者纺轮。如果你发现你织好的纺线粗糙有疙瘩，那么你就应该在预捻的步骤上多花一点时间。这个道理也同样适应于羊毛或者其他有着像羊毛材料长度的纤维。纺狗毛通常并不要求有这一步骤，像乳草植物这种超短纤维也不需要。

毛织品

毛织品？对了！你也可以纺出来。最普遍的例子就是莎丽丝绸线了，由废弃的莎丽服制成。莎丽服像碎纸机一般将大块儿的布料撕成小碎片。你可以在网上买到撕碎后的小布料，或者也可以用任何一种织物自行制作。更好一些的手工缝纫店也有售"碎布机"，可以把布料撕成半英寸大的碎片。这种"碎布机"也用于制作针钩地毯或者其他手工制作。

尽管你可以直接用条带编织或用钩针织，但是将其纺成更长的线，这样需织起的接头处就会更少，也减少了久而久之容易发生的散线情况（见图C）。当然，你也可以在碎布料中掺入羊毛，或者任何可纺的材料，这样可以增加颜色和质地。掺入了一些小枝儿状的有色织物，像是跳跃在普通羊毛线上，看起来也很棒。

纺线大杂烩

棉花并不是唯一一种可以用来纺线的柔软蓬松毛茸茸的絮状植物产品。普通的乳草植物，在秋天沿着路边随处可见，几年来已经被用作填充材料了。第二次世界大战期间，这种中空的材料被用来做救生衣的填充物。今天，在鸭绒被中也有了乳草植物纤维，因为乳草植物绒毛可以抵消一些过敏源，同时又能增加鸭绒的整体绝缘度。香蒲植物和蒲公英也有绒毛絮状物，但是乳草荚更容易收集和保存，尤其是当你并未准备立刻开始用它纺织的时候。收割乳草絮时，当荚还是微绿色的时候，敲破打开它，去掉花籽（一旦完全干了，把花籽和絮状物分开就会有些困难了）。一直用手指按住排列整齐的絮状物，直到所有花籽都去除干净，这时可以打开荚，把它取出来。把它存放在纸袋或纸盒中，这样绒絮可以充分干燥。

图A 人体毛发　　图B 哈巴狗毛　　图C 编织织物

乳草荚

便携式纺线轮

如果用这种植物絮状物纺线存在困难的话，可以在其中混入一些羊毛，比例是1/3~1/2。这样得到的也还是柔软光滑且可手洗的线，长线织起来会更容易，而且便于操作。要把各种纤维混合起来的话，你需要两把毛刷（这是低端方法，如果可以的话尽量找那种间隔宽的塑料毛刷）或者梳棉叶片（这才是"正统"的方法）。不管用哪种方法，你的目标都是把两种纤维混合在一起，然后将其校准到一个方向，这样能更加便于将其绕在纺锤或纺轮上。把第一种纤维铺薄薄的一层在毛刷或者梳棉叶片上，然后再在其上铺上第二种纤维。每一次都朝同一个方向刷，一直刷到两种纤维混合在一起为止。然后，将混纺纤维从刷子或叶片上取下，保持其成一条直线，这样就可以用它开始纺线了。如果你有专业纺线的朋友，可以请求他们用梳棉卷线轴来混纺这两种纤维，因为这会快很多。但是如果仅做实验，以上方法就行。

> 到底为什么想要用人的头发来纺线呢？于我而言，我只是想试验一下是否能成功。

乳草也不是唯一一种纺织起来很有趣且奇怪的植物纤维，你也可以买来现成的大豆纤维或者纤维素（又称为"天丝"）。这些纤维品种是我个人最喜欢的。大豆纤维由豆腐制造商的剩余材料制成，它是一种漂亮光滑的线，一种可用于纺织的纤维，同时也可作为一道菜呈上餐桌，两种用处都源于这同一种植物。与家蚕吐出的真正的"丝"相比，大豆纤维无比柔软。如果你同时把两只手分别放入两包不同的纤维中，你可以通过蚕丝"脆脆"的手感分辨出来，试试在两只手指之间摩擦一下。

纤维素是由木浆制成的，通过一种有机环保的过程叫做"溶剂纺织法"。纤维素主要由羊毛和其他添加材质混合而成，而且能上不同颜色的染料，且达成很好的效果。

明白了？你的房子和院子里都充满可以用来纺线的东西。还在等什么呢，变身侏儒妖怪，纺出你自己的金线吧！

见上页图左上角，充满可纺纤维的乳草荚。下方图，名叫乔伊，是我的便携式纺线轮。它可以折叠放进一个包里，便于携带。

如何制作一个唱片纺锤

我提到过的唱片纺锤原料价格低廉，易于制作，并且可以立刻用于纺线。在一根接近12英寸木杆上的3英寸处拧出一个暗销，然后再正顶端拧上一个黄铜制的丝杆吊钩。将一枚橡皮套管（在bonkersfiber.com网站上有售）插入唱片的中央，然后把暗销推入穿过中央，在丝杆吊钩的一端和唱片光盘的表面上端留出几英寸的距离。我曾经用过两张空光盘（大光盘刻录机最上面的那一种）像夹三明治一样在中间夹了布料和纸张，这样能有一些不同的颜色，并用弹性胶合剂（用于不留痕迹地把海报贴在墙上）替代了橡皮垫圈。除此方式之外，你也可以用2~3英寸大的木头车轮（手工玩具商店有售）代替唱片光盘来制作纺锤。发挥您的创造力吧！一个漂亮的纺锤会让您愿意纺更多的线。

购物清单：除非你正自己收集狗毛和乳草，或者自制碎布条，否则你应该会需要购买一些以下列出的纤维材料。如果你有疑问，可以给我发电子邮件：admin@knitgirl.com。

» 西南贸易公司（soysilk.com）：豆丝牌大豆纤维和其他科纺织纤维

» 芒果月亮（mangomoonyarns.com）：莎丽丝线

» 尚瑞拉手工：（rugsandcrafts.com）：香蕉纤维线和回收莎丽丝纤维

» 哈克永纱线（halcyonyarn.com）：大豆、大麻、竹子和羊毛，若你需要混合纤维

» 编织用大麻（hempforknitting.com）：上了美丽颜色的大麻纱线和纤维

更多资源：

>>关于制作唱片纺锤和香烟盒纺车（甘地曾用过的那种）的更多详细内容，请关注织network出版社的纺线页面：Interweave Press spinning page (interweave.com/spin/getting_started.asp)。✄

O'Reilly Media, Inc.介绍

O'Reilly Media通过图书、杂志、在线服务、调查研究和会议等方式传播创新知识。自1978年开始，O'Reilly一直都是前沿发展的见证者和推动者。超级极客们正在开创着未来，而我们关注真正重要的技术趋势——通过放大那些"细微的信号"来刺激社会对新科技的应用。作为技术社区中活跃的参与者，O'Reilly的发展充满了对创新的倡导、创造和发扬光大。

O'Reilly为软件开发人员带来革命性的"动物书"；创建第一个商业网站（GNN）；组织了影响深远的开放源代码峰会，以至于开源软件运动以此命名；创立了Make杂志，从而成为DIY革命的主要先锋；公司一如既往地通过多种形式缔结信息与人的纽带。O'Reilly的会议和峰会集聚了众多超级极客和高瞻远瞩的商业领袖，共同描绘出开创新产业的革命性思想。作为技术人士获取信息的选择，O'Reilly现在还将先锋专家的知识传递给普通的计算机用户。无论是通过书籍出版，在线服务或者面授课程，每一项O'Reilly的产品都反映了公司不可动摇的理念——信息是激发创新的力量。

业界评论

"O'Reilly Radar博客有口皆碑。"

——Wired

"O'Reilly凭借一系列（真希望当初我也想到了）非凡想法建立了数百万美元的业务。"

——Business 2.0

"O'Reilly Conference是聚集关键思想领袖的绝对典范。"

——CRN

"一本O'Reilly的书就代表一个有用、有前途、需要学习的主题。"

——Irish Times

"Tim是位特立独行的商人，他不光放眼于最长远、最广阔的视野并且切实地按照Yogi Berra的建议去做了：'如果你在路上遇到岔路口，走小路（岔路）。'回顾过去Tim似乎每一次都选择了小路，而且有几次都是一闪即瞬的机会，尽管大路也不错。"

——Linux Journal

手工日记

手工日记